Band III: Kaiserstuhl/Tuniberg

Norbert Baha

Badische Weingüter

LAVORI VERLAG, Freiburg i. Br.

Impressum:

Konzept, Text, Redaktion:	Norbert Baha
Gestaltung:	ce-bra – atelier für werbung Annette Pfau, Bötzingen
Fotografie:	(siehe Bilderverzeichnis)
Gesamtherstellung:	LAVORI VERLAG, Freiburg i. Br., 2012
Druck:	Druckcentrum Stühlinger, Freiburg

ISBN: 978-3-935737-19-7

Hinweis:
Dieses Buch erhebt keinen Anspruch auf Vollständigkeit, sondern gibt nur eine Auswahl der Weingüter am Kaiserstuhl und Tuniberg wieder.

Inhaltsverzeichnis

Liebe Leserinnen und Leser,

„Im Jahr 1815 wurden die ersten Reben im Dolerithboden durch einen Ihringer namens Luedtin angelegt. Dieser hatte als Feldscheerer in neapolitanischen Diensten gestanden und am Fuße des Vesuvs die Weinberge ... gesehen. Er fand, ... dass der Dolerith eine große Ähnlichkeit mit den Böden (seiner Heimat) habe. Die Dolerithböden hatten damals am Kaiserstuhl einen so geringen Wert, dass der Morgen zu 30 Kreuzer verkauft wurde .... Nichts war daher natürlicher, als dass Luedtin allgemein verlacht und teilsweise sogar für närrisch gehalten wurde, da er den einfältigen Gedanken hatte, auf solchem Boden Reben pflanzen zu wollen. Um so größer war das Erstaunen der Kaiserstühler, als diese Reben nicht nur ein sehr kräftiges Wachstum zeigten, sondern sogar nach Verlauf einiger Jahre einen nicht unbedeutenden Ertrag lieferten, dass die Qualität eine bedeutend bessere war, als diejenige der auf Lössböden gepflanzten Weine.“ (Zitiert aus dem Buch von Adolf Blankenhorn, Agriculturchemische Buchführung und Geschichte des Rebguts Blankenhornsberg bei Ihringen, 1867)

Das war der Beginn des neuzeitlichen Weinbaus im Kaiserstuhl.

Heute herrscht eine gesunde Mixtur von Winzergenossenschaften (ca. 75 %) und privaten Weingütern (ca. 25%) vor. In einigen Orten, wie z.B. Kiechlinsbergen, Königsschaffhausen, Wasenweiler, Breisach, sind die Winzergenossenschaften sehr stark vertreten. In anderen überwiegen die privaten Weingüter, die das Thema dieses Büchleins sind. So haben sich am Kaiserstuhl vier Schwerpunkte mit Ihringen, Endingen, Eichstetten und Vogtsburg mit seinen verschiedenen Teilorten herauskristallisiert. Allein in der Gemeinde Ihringen gibt es 16 Selbstvermarkter, in Eichstetten sind es 12. Es musste also eine repräsentative Auswahl getroffen werden. In Breisach beispielsweise gibt es kein eigenes privates Weingut mehr. Neben etablierten, renommierten Weingütern wurden auch einige sehr junge Weingüter aufgenommen.

Die Anzahl der Kaiserstühler Weingüter ist so hoch, dass zu meinem Bedauern nicht alle in diesem Büchlein aufgenommen werden konnten.
Vorweg definiere ich den Begriff Verkostungsrunde: Weinliebhaber unterschiedlicher Zusammensetzung, meistens aus dem Freundeskreis, treffen regelmäßig zusammen, um angestellte Weine zu testen, zu schmecken, zu beschreiben und zu charakterisieren. Das Ergebnis ist natürlich sehr subjektiv, dennoch bieten sechs bis acht Gaumen ein differenzierteres Bild als der eine des Autors.
Den Teilnehmern der Verkostungsrunden sage ich meinen Dank, ebenso meiner Frau, die mich erneut bei Bild- und Textauswahl tatkräftig unterstützte.
Bedanken möchte ich mich auch beim Lavori-Verlag für die umsichtige Betreuung und für die sehr kooperative Projektleitung.
Den Leserinnen und Lesern dieses Büchleins wünsche ich ein ungeteiltes Lesevergnügen und ein wunderbares Trinkerlebnis beim Probieren des einen oder anderen Weines. Getreu dem Motto:

"Das Leben ist viel zu kurz , um schlechten Wein zu trinken!"

Dr. Norbert Baha

Grußwort

So vielfältig wie die Weine vom Kaiserstuhl und Tuniberg sind, so individuell und vielseitig sind auch die Menschen, welche sie erzeugen.

Neben den Winzergenossenschaften, die ca. 75% der Weinproduktion abdecken, nehmen die Weingüter die verbleibenden 25% ein.

In dieser Gruppierung der Weingüter gibt es Traditionalisten, welche seit Generationen bestehen, sowie sogenannte „Newcomer", welche die Szene durchaus positiv bereichern.

Unterschiedlichste Betriebsgrößen kennzeichnen ebenfalls den Weingutsbereich.

Eines ist allen gemeinsam: die Liebe zum Wein und ein konsequentes Qualitätsstreben, getragen von einem großen Engagement der Familie.
Sie stehen mit ihrem Namen für ihren Wein, vermitteln somit Identität, und dies spiegelt sich in der Kundenbindung wieder.

Daneben leisten die Weingüter auch in der Ausbildung des Winzernachwuchses einen wertvollen Beitrag für die Zukunftssicherung der Badischen Weinwirtschaft.

Mit ihrer Individualität und einer in jedem Betrieb gepflegten Identität erreichen die Güter ein großes Spektrum an Weinfreunden und tragen somit auch entscheidend zum guten Ruf eines Anbaugebietes bei.

Diese Personifizierung hat die Weingüter seit jeher geprägt und wird dieses auch in Zukunft tun.

Kilian Schneider
Präsident des Badischen Weinbauverbandes

Kaiserstuhl

Der Kaiserstuhl ist ein Mittelgebirge vulkanischen Ursprungs, in den Landkreisen Emmendingen und Breisgau-Hochschwarzwald im Südwesten von Baden-Württemberg gelegen. Die höchste Erhebung, der Totenkopf, liegt 556 m über dem Meeresspiegel. Naturräumlich wird er zum Oberrheinischen Tiefland gezählt. In seiner weitesten Ausdehnung vom Michaelsberg bei Riegel im Nordosten bis zum Fohrenberg bei Ihringen im Südwesten ist der Kaiserstuhl rund 15 km lang, seine größte Breite beträgt etwa 12,5 km.

Seinen Namen verdankt der Kaiserstuhl vermutlich König Otto III., der bei Sasbach am 22. Dezember 994 einen Gerichtstag abhielt. Nachweislich belegt ist die Bezeichnung „Kaiserstuhl" erst seit 1304. Historiker vermuten, dass der Begriff „Kaiserstuhl" nicht vor dem 14. Jahrhundert entstand.

Die Entstehung des Kaiserstuhlvulkans im Tertiär stellt sowohl den Höhepunkt als auch den Schlusspunkt der vulkanischen Aktivität im Oberrheingraben dar.

Scheckenfalter

Der Kaiserstuhl ist heute weitgehend von einer quartären Lössschicht bedeckt. Löss ist ein Lockersediment, welches durch Erosion anderer Gesteine entsteht und durch äolischen Transport an seinen Ablagerungsort befördert wird.

Je höher der Sedimentationsort liegt, desto dünner ist die Schicht tatsächlich abgelagerten Materials. Am Kaiserstuhl liegt die Mächtigkeit der Lössschicht zwischen 10 und 40 Metern; es gibt jedoch im Südwesten auch Orte, an denen kein Löss sedimentiert wurde. Der Herkunftsort des Lösses am Kaiserstuhl lag hauptsächlich in den nördlichen Kalkalpen.

Smaragdeidechse

Wiesensalbei

Die Lössböden des Kaiserstuhls werden agrarisch intensiv genutzt, da sie eine gute Belüftung bieten und eine hohe Wasserspeicherfähigkeit sowie mechanisch gute Eigenschaften besitzen. Im Zuge der landwirtschaftlichen Nutzung sind die Lösshohlwege entstanden.

Klimatisch zählt der Kaiserstuhl mit seinem stellenweise mediterranen Klima zu den wärmsten Orten Deutschlands mit vergleichsweise milden Wintern und warmen bis heißen Sommern, die teilweise sogar Durchschnittstemperaturen von über 20 Grad in den Monaten Juli und August aufweisen können. Durch seine mit Löss bedeckten vulkanischen Böden ist er ein sehr gutes Weinanbaugebiet. Die

Gutgesellentor in Breisach

35

klimatischen Voraussetzungen des Kaiserstuhls heben sich von seiner Umgebung deutlich ab. Er liegt im Regenschatten der Vogesen, dem Einfluss der Burgundischen Pforte und hat ein trockenheißes Klima, wie man es sonst eher im mediterranen Raum erwarten würde.

Traubenhyazinthe

Das Klima des Kaiserstuhls erklärt auch die große Fülle an wärmeliebender Flora und Fauna. Beispielsweise ist der Kaiserstuhl einer der Orte mit der größten Orchideenvielfalt in Europa – mehr als 30 Arten wurden registriert. Zwischen den Rebstöcken wachsen Traubenhyazinthen und an Böschungen blühen Schwertlilien. Außerdem leben hier Smaragdeidechsen und Gottesanbeterinnen.

Schwertlilie, Färberwaid

Die Oberfläche des Kaiserstuhls wurde vom wirtschaftenden Menschen seit dessen Besiedlung verändert. Da der Löss infolge der Bodenbearbeitung stark erosionsanfällig ist, mussten Terrassen geschaffen werden, die dann meist als Rebflächen, teilweise auch für Obst- oder zum Ackerbau genutzt wurden. Dadurch entstanden schon früh die typischen kleinterrassierten Hänge, die von den ebenfalls durch die „Nutzung" entstandenen Lösshohlwegen durchzogen wurden.

Küchenschelle

Um 1950 wurde damit begonnen, zunächst kleinere Terrassen zusammenzulegen; dies endete in Großumlegungen, welche die ursprüngliche Landschaft in Teilbereichen völlig umkrempelten. Verschiedene Phasen werden unterschieden:

- Kleinräumige Neuordnungen zwischen 1950 und 1960. Dabei wurde das Gelände meist in Handarbeit bzw. mit Hilfe der betriebseigenen Maschinen umgestaltet. In dieser Zeit wurden rund 950 ha flurbereinigt.

- Zwischen 1960 und 1970 hat man die Lösshänge umfassender umgestaltet, wobei große, tiefe und möglichst rechteckige Terrassenflächen mit entsprechend hohen Böschungen entstanden. Die Terrassen wurden mit bergseitiger Neigung angelegt, so dass jetzt vom Tal aus vielfach nur noch die Kanten sichtbar sind. Auf diese Art entstanden rund 650 ha Rebfläche.

- Mit einem Maximum an Maschineneinsatz wurden die Großterrassenplanungen der Jahre 1970 bis 1976 umgesetzt, die das Landschaftsbild radikal veränderten. Während sich vorher in den sanften Hängen, deren Oberflächen von den kleinen Terrassen überprägt waren, noch die ursprünglichen natürlich entstandenen Senken abzeichneten – wodurch sich ein Nebeneinander von natürlichen und vom Menschen geschaffenen Strukturen ergab – wurden diese kleinflächigen Strukturen nun völlig verwischt. Es entstanden monströse, festungsartige, völlig landschaftsfremde Oberflächen mit einer Gesamtgröße von ca. 630 ha Rebfläche.

Zaunammer

Bienenfresser

Wiedehopf

Gottesanbeterin

Die letzte Phase der Rebflurbereinigung erstreckte sich auf die Zeit zwischen 1976 bis 1982, in der unter anderem wegen der Proteste gegen die Großterrassenplanungen nicht mehr mit der Radikalität der vorherigen Phase vorgegangen wurde: Die Böschungshöhen wurden auf maximal 10 m „beschränkt", der Böschungsverlauf wurde „geschwungen" angelegt und der Landschaft angepasst.

Rund um und besonders im Kaiserstuhl wird reger Weinbau betrieben, wobei die Kaiserstühler Weine mittlerweile einen international ausgezeichneten Ruf haben. Die Weinbauflächen umfassen den Großteil der freien Fläche des Kaiserstuhls; sie sind entweder in Winzergenossenschaften zusammengeschlossen oder befinden sich in Privatbesitz beziehungsweise in Besitz privater Weingüter. Der Wein gedeiht wegen des Vulkangesteins und Lössbodens besonders gut.

Blick vom Tuniberg auf den Kaiserstuhl und Wasenweiler

Tuniberg

Der Tuniberg liegt im Breisgau, zwischen Schwarzwald und Rhein, und gilt als kleiner Bruder des Kaiserstuhls, obwohl er geologisch völlig anders aufgebaut ist. Er hat eine Nord-Süd-Ausdehnung von etwa neun Kilometern und eine Ost-West-Ausdehnung von drei Kilometern. Rund um den Tuniberg liegen die Gemeinden Merdingen und Gottenheim, die zu Freiburg im Breisgau gehörenden Stadtteile Waltershofen, Opfingen, Tiengen und Munzingen, sowie Oberrimsingen und Niederrimsingen, die zu Breisach gehören.

Der Tuniberg ist eine Kalkstein-Erhebung, die sich mit 314 m Höhe nur wenig über die Oberrheinische Tiefebene erhebt, die hier etwa 190 m über dem Meeresspiegel liegt.

Auf den hier überwiegenden Kalkstein-Böden mit Löss- und Lehmauflagen wachsen hauptsächlich Burgunder-Rebsorten, denen die Wasserspeicherfähigkeit des Kalksteins zugute kommt. Seit 1996 ist der Tuniberg weinbaulich vom Kaiserstuhl getrennt. Abgesehen vom Wein sind vor allem Spargel- und Maisanbau am Tuniberg nennenswert.

Weinland Kaiserstuhl und Tuniberg in Zahlen

Die wichtigsten Rebsorten am Kaiserstuhl, 2010

Rebsorte	bestockte Fläche	%-Anteil
Spätburgunder	1604	37,5
Müller-Thurgau	854	20,0
Ruländer	866	20,2
Weißer Burgunder	463	10,8
Silvaner	92	2,1
Riesling	57	1,3
Sonstige weiß	183	4,2
Sonstige rot	157	3,9
Summe	4276	100,0

Die wichtigsten Rebsorten am Tuniberg, 2010

Rebsorte	bestockte Fläche	%-Anteil
Spätburgunder	603	55,6
Müller-Thurgau	215	19,9
Weißer Burgunder	92	8,5
Ruländer	89	8,2
Regent	11	1,0
Sonstige weiß	47	4,3
Sonstige rot	28	2,5
Summe	1.083	100,0

Grauburgunder

Spätburgunder

Weinbauliche Kennzeichen

	Kaiserstuhl	Tuniberg
Rebflächen		
Bestockte Fläche 2010	4.276 ha	1.083 ha
Davon im Ertrag 2010	4.175 ha	1.058 ha
Weinbergslagen		
Großlagen	Vulkanfelsen	Attilafelsen
Einzellagen	Anzahl 46	Anzahl 8
Betriebsstruktur (lt. Weinbaukartei 2010)		
Anzahl der Betriebe bis 0,3 ha	2.581 Betriebe m. 421 ha	547 Betriebe m. 92 ha
Anzahl der Betriebe ab 0,3 ha	2.215 Betriebe m. 3.855 ha	510 Betriebe m. 991 ha
Vermarktung (lt. Weinbaukartei 2010)		
Winzergenossenschaften	76,1 %	77,2 %
Erzeugergemeinschaften als Rechtsform	8,7 %	3,4 %
Weingüter	15,2 %	19,4 %

Die Badische Weinkönigin 2010/2011
Im Gespräch mit Marion Meyer

Marion Meyer zieht zum Zeitpunkt des Gespräches, Anfang Januar 2011, eine ausgesprochen positive Bilanz des ersten halben Jahres ihrer Amtszeit als Badische Weinkönigin. Bei aller Euphorie, die zu Beginn ihrer Regentschaft herrschte, empfindet sie nun das Gefühl, in ihrer auf ein Jahr beschränkten Rolle auf allen Ebenen akzeptiert und respektiert zu werden. Dies spricht nicht nur für eine nüchterne Sachlichkeit der jungen Dame sondern zeugt auch von ihrem Selbstbewußtsein. Selbstverständlich gibt es viele Termine, die ihr vom Badischen Weinbauverband vorgegeben werden und die sich mitunter dramatisch zusammenballen. Doch zeigt sich Marion Meyer ungemein nervenstark. Sie verfügt mit 23 Jahren über genügend Lebenserfahrung, um den von ihr erträumten Job als Weinkönigin ausüben zu können. Darüber hinaus besitzt sie die Fähigkeit, gut organisieren und strukturieren zu können. Dies ist weit mehr als der Amtsknigge vorgeben kann, den jede Königin bzw. Weinprinzessin trainieren muss.

Marion gibt zu, dass dies ein großer Lernprozess gewesen sei, den sie seit ihrer Wahl zur Kaiserstühler Weinprinzessin im Jahr 2006 durchlaufen hat. Mit 18 Jahren hätte sie die anstehenden Aufgaben weit weniger akzentuiert und routiniert abwickeln können als heute.

Die jetzige Weinkönigin ist die Tochter des Kiechlinsberger Nebenerwerbswinzers Egon Meyer und seiner Frau Leni, die aus der Winzergemeinde Eichstetten stammt. Ihre Eltern verfügen über ca. drei Hektar Rebberge, die mit Spätburgunder-, Grauburgunder-, Silvaner- und Gewürztraminer-Rebstöcken bepflanzt sind. Seit Kindesbeinen waren Marion und ihr Bruder Martin dabei, wenn die Eltern die Reben bewirtschafteten und die Trauben an die Winzergenossenschaft in Kiechlinsbergen bzw. Eichstetten ablieferten. Genauso selbstverständlich war es, dass sich die junge Marion für das Amt der Weinprinzessin bewarb. Doch nach dieser Periode erfolgte ein Schnitt. Marion widerstand zunächst den Verlockungen, für die Wahl zur

Badischen Weinkönigin zu kandidieren. Sie entschied sich, erst einmal das Fachabitur mit dem Bildungsgang Ökotrophologie (Ernährungswissenschaften) an der Merianschule in Freiburg abzulegen. Vorrang hatte dann ihre Berufsausbildung als chemische Laborantin bei der Firma Schwarzwaldmilch in Offenburg.
Auch nach Ihrer Wahl zur Weinkönigin hat sie ihren Beruf nicht aufgegeben; sie arbeitet ganz regulär als chemische Laborantin bei der SGS Institut Fresenius in Freiburg und versucht Beruf und Amt unter einen Hut zu bringen. Dies ist nicht immer ganz leicht, wie sie eingesteht. Für Freizeit und für Freunde bleibt wenig Zeit übrig. Dies nötigt in der Tat großen Respekt ab.

Die Frage nach ihren Stärken beantwortet Marion Meyer selbstkritisch. Es gäbe sicher noch Vieles zu verbessern, auch eine Weinkönigin Badens könne nicht alles perfekt beherrschen. In ihrem Element und auf sicherem Terrain sei sie aber, wenn es darum geht, badische Weine zu präsentieren und für sie zu werben. Es wird von ihr erwartet, dass sie diese Aufgabe mit Charme und Charisma bei rund 200 Terminen deutschlandweit einlöst. Selbstredend besitzt Marion diese Ausstrahlung, sie genießt sogar ihre Auftritte, denn es sei für sie immer ein Geben und ein Nehmen. Solange diese Balance gewahrt bleibt, sei sie mit sich im Reinen.
Marion klebt nicht an Traditionen, sie interpretiert ihre Rolle als Weinkönigin modern und zeitgemäß. Sie bekennt zugleich aber auch, dass die Kosten für das Outfit bei ihren Auftritten ihren eigenen Geldbeutel schon stark belasten.
Natürlich kann sie diese hohen Anforderungen des BWBV (Badischer Weinbauverband) nicht alleine bewältigen. Deshalb werden ihr vom Verband zwei Weinprinzessinnen zur Seite gestellt. Es sind dies Rebecca Gut aus Vogtsburg-Oberbergen und Sarah Kappeler aus Freiburg-Opfingen. Weitere Bereichsprinzessinnen sind Annette Herbstritt aus Glottertal für das Weinland Breisgau, Natalie Henninger aus Endingen-Königsschaffhausen für den Bereich Kaiserstuhl/Tuniberg, Nicole End aus Zell-Weiersbach für die Ortenau, Sandra Löffler aus Ballrechten-Dottingen für das Markgräflerland und Daniela Sättele von der Insel Reichenau für den Bodensee-Kreis.
Für Marion Meyer bilden alle gewählten Hoheiten eine Solidargemeinschaft, da sie gleiche Interessen vertreten. So nimmt es nicht wunder, dass sie für alle Beteiligten über die Tage des Jahreswechsels gemeinsames Snowboarden und Skifahren in Österreich organisiert hatte. Diese Aktivitäten und der kommunikative Austausch dienen einem stärkeren Zusammenhalt und fördern die Geschlossenheit nach außen. Ein durchaus kluger Schachzug der Badischen Weinkönigin!

Die Weinprinzessinen 2010/2011

„Eigentlich bin ich eine ‚Cuvée' aus Tuniberg und Kaiserstuhl," sagt **Rebecca Gut** von sich und spielt darauf an, dass ihre Mutter aus Niederrimsingen und ihr Vater aus Oberbergen stammt. Wer in Oberbergen aufwächst, kommt zwangsläufig mit der Weinbranche in Berührung, denn der Weinbau dominiert fast den gesamten Ort. Es war dann auch nicht überraschend, dass Rebecca 2006 zur Bereichsprinzessin des Bereichs Kaiserstuhl und Tuniberg gewählt wurde. Die Verwaltungsfachangestellte bei der Stadtverwaltung Breisach fand diese Tätigkeit sehr bereichernd. Sie kam ihrem Naturell sehr entgegen. Weinmarketing und Tourismus haben sie schon immer interessiert. Sie ist kommunikativ und wissbegierig zugleich. Sie verfügt über klare Vorstellungen, was sie kann und was sie will. Im Auftreten wirkt sie sicher und überzeugend. 2010 stellte sie sich zur Wahl der Badischen Weinkönigin. Es war eine sehr knappe Entscheidung, bei der Stichwahl war Marion Meyer die Glücklichere. Rebecca trug es mit Fassung und Humor. Gerne ist sie für ein Jahr Badische Weinprinzessin. Sie kann sich vorstellen, auch beruflich in naher Zukunft im Weinmarketing zu arbeiten.

Die angehende Grund- und Hauptschullehrerin **Sarah Kappeler** ist in den Reben groß geworden. Ihre Großeltern sind Winzer in Freiburg-Opfingen und Sarah ist von klein auf dabei. Schon in jungen Jahren hat sie bei der örtlichen Winzergenossenschaft mitgearbeitet und immer wieder kreative Ideen mit eingebracht. Sie setzt sich aktiv für die Interessen der Winzer ein.

2009 wurde Sarah zur Bereichsprinzessin für das Weinbaugebiet Kaiserstuhl-Tuniberg gewählt. Ein Jahr später eroberte sie die Krone einer Badischen Weinprinzessin. „Es war ein Jahr mit tollen Momenten", sagt sie, „ein Jahr mit vielen Glücksgefühlen und spannenden Begegnungen, die mein Leben bereichert haben".

Sarah ist begeisterungsfähig und sie kann begeistern. Sie ist immer in Bewegung und sie lebt für den Wein. Eine ihrer vielen Aufgaben sieht sie darin, auch junge Menschen an das Kulturgut Wein heranzuführen. Bei ihrer Aufgabe als Weinbotschafterin wirkt sie natürlich, freundlich und lebendig. Eigenschaften, die ihr in ihrem zukünftigem Beruf als Lehrerin zugute kommem werden. Denn Sarah engagiert sich im privaten Bereich nicht nur für den Wein, sondern ihr liegen auch die Bedürfnisse der Kinder am Herzen.

Weingut Michel

Fingerspitzengefühl für die Reben

Inhaber Josef Michel
Winzerweg 24
79235 Vogtsburg-Achkarren
Tel.: 07662/429
Email: info@weingutmichel.com
www.weingut-michel.com

Rebfläche:	14 Hektar
Jahresproduktion:	100.000 Flaschen
Lagen:	Achkarrer Schlossberg und Castellberg, Ihringer Winklerberg, Munzinger Kapellenberg
Boden:	Löss, Lehm und Vulkanverwitterung
Rebsorten:	40 % Rotwein (40 % Spätburgunder), 60% Weißwein (30 % Grauburgunder, 20 % Weißburgunder, 6 % Chardonnay, 4 % Müller-Thurgau)
Durchschnittsertrag:	60 hl/ha
Beste Jahrgänge:	2008, 2009

Achkarren

Der Winzerort Achkarren liegt im südlichen Teil des Kaiserstuhls, umgeben einerseits vom Schlossberg, andererseits vom Castellberg. Es sind „Weinberge in Reinkultur“; Josef Michel betrachtet sie als seine „Grand Cru“-Lagen, der Grund und Boden für seine Spitzengewächse.
In Achkarren ist die Winzerfamilie Michel heimisch. Sie bewirtschaftet einen Aussiedlerhof. Josef Michels Eltern haben ihn als landwirtschaftlichen Mischbetrieb aufgebaut. Zu ihm gehörte ca. ein Hektar Weinreben. Die Erträge lieferten Walter und Margarethe Michel seit den 1960er Jahren an die örtliche Winzergenossenschaft ab.
Nach seiner Ausbildung zum Weinküfer kehrte der 1966 geborene Josef an den elterlichen Hof zurück. Behutsam änderte er den vom Vater eingeschlagenen Weg. Er vergrößerte den Betrieb durch Kauf und Pachtung von Rebarealen und strukturierte den Betrieb um. Die Viehwirtschaft wurde aufgegeben, der Schwerpunkt auf den Weinan- und -ausbau verlagert. Gleichzeitig startete er 1983 mit der Selbstvermarktung der von ihm produzierten Weine.

Auf den Besucher erweckt Josef Michel einen besonnenen und ruhigen Eindruck. Er mag ein bodenständiger Typ sein, aber er ist mit Leib und Seele Winzer. Dies kommt im Gespräch sehr deutlich zum Ausdruck. Ganz spannend werden für ihn die Lesewochen. Da steht er unter Hochdruck. Die hektischen Phasen weichen erst, wenn der Weinausbau beginnt, wenn der Wein ruht und die Eigenheiten und Lagen eines Jahrgangs herausgearbeitet werden können.
Am Beginn des Weines steht für Josef immer der Rebstock. Auf seine Pflege verwendet er sehr viel Fingerspitzengefühl. 95 Prozent seiner Weinberge sind mit Burgundersorten bepflanzt. Diese sind für den Winzer Michel sehr reizvoll. Besonders der Spätburgunder hat es ihm angetan, da er nach seiner

Meinung sehr sensibel sein kann und viel Geduld erfordert. Seine Rebstücke verteilen sich auf über 70 Parzellen. Er schätzt sich glücklich, dass sein „Hausberg", der Achkarrer Schlossberg, international anerkannte Spitzenweine hervorbringt.

Josef Michel, der von seiner Frau Cornelia und nach wie vor von seinen Eltern unterstützt wird, hat es in kontinuierlicher, jahrelanger Kärrnerarbeit geschafft, in die Spitze der badischen Weinwelt vorzudringen. Sein Weingut zählt mit seinen vielschichtigen Burgunderweinen heute zu einem der besten Weingüter in Baden.

Dem Betrieb angegliedert ist eine Straußwirtschaft, die im Frühjahr und im Herbst für vier Monate im Jahr geöffnet ist. Sie ist in der Region bekannt für den selbst hergestellten Flammkuchen, der neben den Weinen des Weinguts probiert werden kann. In den Startjahren sicherte die „Strauße"den Absatz des Weinguts.

Michels Weißweine, sowohl die Kabinettweine als auch die Spätlesen, sind kompromisslos gradlinig und trocken ausgebaut. Die gut gelungenen Spätlesen werden von Michel zusätzlich mit drei Sternen gekennzeichnet. Bei den Weißweinen verzichtet er auf den Barriqueausbau.

Der sehr gute Eindruck wurde in der Verkostungsrunde bestätigt. Sehr zu gefallen wusste der 2009 Grauer Burgunder Achkarrer Schlossberg Spätlese trocken, drei Sterne, ein faszinierender kraftvoller Wein mit vielschichtiger

Substanz und herrlichen Fruchtaromen. Der 2009 Weißer Burgunder Achkarrer Schlossberg Spätlese trocken offenbarte Düfte nach weichen gelben Früchten (Pfirsich) und eine reintönige Frische. Der 2009 Chardonnay Achkarrer Schlossberg Spätlese trocken, drei Sterne, verstömte Aromen von Aprikosen, wirkte lebendig frisch und wunderbar konzentriert.

Den Abschluss bildete der 2008 Achkarrer Schlossberg Spätburgunder trokken, im Barrique gereift: ein mächtiger, fein abgestufter Rowein mit dezenter Toastung und vielschichtiger Struktur und anhaltendem Nachklang – eine ausdrucksstarke Visitenkarte des Achkarrer Winzers!

Wenn Josef Michel weiter so kompromisslos an seinem Qualitätsstreben arbeitet, wird der Burgunderspezialist aus der Spitzengruppe der südbadischen Weingüter so schnell nicht zu verdrängen sein!

Weingut Trautwein

Leben für eine Versöhnung mit der Natur

Inhaber Hans-Peter und Elfriede Trautwein
Riegeler Str. 2
79353 Bahlingen
Tel.: 07663/2650
Email: info@trautweingut.com
www.trautweingut.com

Rebfläche:	9 Hektar
Jahresproduktion:	50.000 Flaschen
Lagen:	Bahlinger Fohberg, Käsenthal, Hundsrück
Boden:	Vulkangesteinsverwitterung, kalkreicher Löss, Lösslehm
Rebsorten:	40 % Rotwein (34 % Spätburgunder, 6 % Piwis), 60 % Weißwein (15 % Grauburgunder, 15 % Weißburgunder, 10 % Müller-Thurgau, 7 % Chardonnay, 13 % Sonstige: Gewürztraminer, Muskateller, Piwis)
Durchschnittsertrag:	55 hl/ha
Beste Jahrgänge:	2007, 2008, 2009

Hans Peter Trautwein gehörte zu der ersten Generation von Winzern, die 1980 von konventioneller auf biologisch-organische Bewirtschaftung umstellte. Die Umweltschutzkampagne, konkret ausgelöst durch die Debatten um das geplante Kernkraftwerk in Wyhl in den siebziger Jahren, hatte ihn nachdenklich gemacht. Seitdem geht sein Streben als Winzer dahin, im Einklang mit der Natur zu produzieren. Trautwein handelte konsequent. Von 1980 bis 87 stellte er schrittweise seine Bewirtschaftung auf biologischen Weinbau um und wurde 1987 BIOLAND Betrieb. Mit dem Jahr 2000 baute er seine Trauben biologisch-dynamisch an und erfüllte damit die Bedingungen, um 2004 als DEMETER-Betrieb anerkannt zu werden.

Biologisch-ökologische Bewirtschaftung heißt für Trautwein, zunächst die Grundlagen einer möglichst vielfältigen Bodenflora und Fauna zu schaffen.

Die Bodenfruchtbarkeit und die Widerstandsfähigkeit der Pflanzen werden dadurch erhalten und erhöht. Er düngt mit organischen Düngern (mit kompostiertem Rinderdung, Hornspänen, Rizinusschrot, Heu) und Einsaaten von verschiedenen Begrünungspflanzen (Leguminosen). Dadurch werden der Humusgehalt und das Bodenleben gefördert. Selbstverständlich verwendet er weder Herbizide noch chemisch-synthetische Fungizide oder Insektizide. Stattdessen nutzt er die natürlichen Feinde der Schadinsekten. Er setzt zudem verschiedene Kräuterauszüge zur Pflanzenkräftigung sowie Urgesteinsmehl, Schwefel und in Spuren Kupfer zur Pilzbekämpfung ein.

Hans Peter Trautwein wurde 1953 in Bahlingen geboren, durchlief eine Winzerlehre und schloss seine Ausbildung als Weinbautechniker ab. 1975 kehrte er nach Bahlingen zurück und arbeitete auf dem elterlichen Hof, zunächst konventionell, ab 1980 dann biologisch-organisch.

Das Weingut hat eine lange Familientradition, die sich bis 1649 zurückverfolgen lässt.

Hans Peter wird tatkräftig von seiner Frau Elfriede unterstützt. Die jüngere Tochter des Ehepaares, die 1985 geborene Anne-Christin, machte nach ihrem Abitur eine Lehre im Weingut Julius-Spital in Würz-

burg, dem ein Bachelor-Studium in Geisenheim folgte. Ihr Wissen vervollständigte die Oenologin bei Praktika auf Weingütern im Burgund und in Australien. Mit ihrer fundierten beruflichen Ausbildung ist sie prädestiniert, später einmal das elterliche Weingut zu übernehmen.
Trautwein hat die ökologische Bauweise nicht nur in den Weinbergen, sondern auch auf dem Weingut umgesetzt: Die Stromerzeugung wird durch eine Photovoltaikanlage gesteuert, die Modernisierung des Weinguts gelang mustergültig. Trautweins Ökonomiegebäude wurde 2009 im Rahmen „Beispielhaftes Bauen im Landkreis Emmendingen" ausgezeichnet und prämiert.

Der Verkostungsrunde wurden folgende Weine präsentiert: Die Kollektion der Weißweine begann mit dem 2009 Grauburgunder Edition Fohberg, der sich erfrischend und reintönig mit wahrnehmbaren Birnenaromen zeigte. Ihm folgte der 2009 Muskateller trocken mit Duft nach Zitrusfrüchten und Anklängen von geriebener Muskatnuss. Dieser Wein offenbarte sich blumig und weich ausklingend. Hans Peter Trautwein bekannte, dass er eine Vorliebe für Gewürztraminer habe und kredenzte den 2009 Gewürztraminer Edition Fohberg. In der Tat ein angenehm zartwürziger Wein, geprägt von dezenten Düften nach Rosen und Ananas.
Zum Abschluß probierten wir zwei Rotweine: zum einen den 2007 Spätburgunder Edition Barrique trocken, an Düften nach Himbeeren und Vanille erinnernd und mit gut ausgebauter Struktur, zum anderen den 2007 Spätburgunder Edition Käsenthal RS trocken. Dieser Wein lag 24 Monate im Barrique. Er wirkte sehr gut ausbalanciert, ließ eine deutliche Konzentration nach Waldbeeren erkennen, zeigte am Gaumen eine pfeffrige Note und einen wunderbaren Nachklang.
Als Fazit müssen wir anerkennen, dass das Weingut Trautwein in seiner Ausrichtung sehr konsequent ist. Es gelingt ihm, einzigartige lagentypische Weine zu produzieren.

Bahlingen

Weingut Holger Koch

Hohe Wertschätzung für die Burgunder

Inhaber Holger Koch und Gabriele Engesser
Mannwerk 4
79235 Vogtsburg -Bickensohl
Tel.: 07662/912258
Email: hk@weingut-holger-koch.de
www. weingut-holger-koch.de

Rebfläche:	7 Hektar
Jahresproduktion:	50.000 Flaschen
Lagen:	Bickensohler Herrenstück und Steinfelsen
Boden:	Löss, Vulkangestein
Rebsorten:	45 % Rotwein (Spätburgunder), 55 % Weißwein (34 % Grauburgunder, 21 % Weißburgunder)
Durchschnittsertrag:	55 hl/ha
Beste Jahrgänge:	2007, 2008, 2009

Holger Koch beschränkt sich bei seinen Produkten ausschließlich auf die Burgunderweine. Ihnen gilt seine ganze Leidenschaft. Er ist bestrebt, lebendige, authentische und eigenständige Weine an- und auszubauen. Die innere Begeisterung dafür hat er nach eigenen Aussagen bei einem halbjährigen Praktikum in Saint Emilion im Weinanbaugebiet Bordeaux entwickelt, wo er die französischen Methoden des Weinbaus kennen lernte. Nachdem er hautnah erfahren hat, mit welchem Engagement hervorragende Weine produziert werden können, war er überzeugt. Seine Entscheidung für den Winzerberuf hat in St. Emilion konkrete Formen angenommen.
Holger Koch wurde 1968 geboren und ist in Bickensohl aufgewachsen. Seine Eltern Erna und Hubert Koch haben die Tradition der Landwirtschaft betreibenden Vorfahren fortgesetzt, sich aber stärker auf den Weinbau fokussiert und ihre Erzeugnisse an die Winzergenossenschaft abgeliefert. Holger absolvierte nach seinem Schulabschluss zunächst eine Winzerlehre, studierte in Geisenheim und vertiefte sein Wissen beim anfangs erwähnten Praktikum. Danach arbeitete er zwei Jahre als Berater im Weinhandel. Es folgte eine Anstellung als Kellermeister beim Weingut Keller in Oberbergen.

Die ganze Zeit über war Holger „mit einem Fuß“ daheim in Bickensohl, um die Eltern zu unterstützen und zu beraten. Sie haben ihm 2001 das Weingut überschrieben. Er löste die Verträge mit der Winzergenossenschaft und begann mit der Selbstvermarktung, d.h. die Weine unter eigenem Namen zu verkaufen. Dabei kamen ihm seine Kenntnisse aus der Beratertätigkeit sehr gelegen. Inzwischen veräußert er 90 % seiner Erzeugnisse über den Fachhandel. 2009 wurde das neue Ökonomiegebäude erbaut, in dem sich auch die Wohnung befindet, in der Holger mit seiner Frau Gabriele und seinen Kindern lebt.
Nach wie vor konzentriert sich das Weingut Koch auf nur drei Rebsorten: Weiß-, Grau- und Spätburgunder. Bewusst pflanzt Holger Koch Rebsetzlinge, die von alten Rebanlagen abstammen und unbelastet von moderner Klonenzüchtung sind. Es sind Reben, die kleinbeerige Trauben mit außergewöhnlich intensiven Aromen bringen. Der Anbau erfolgt ökologisch in einer hohen Qualität, so dass die Weine mit dem EU-Biosiegel versehen werden dürfen.

Die renommierten Weinführer Deutschlands anerkennen Kochs Leistung mit drei Trauben (Gault Millau) bzw. vier Sternen (Eichelmann).
Beim Ausbau verfolgt Holger Koch drei Linien: zum einen den Kaiserstühler Burgunder, der im Edelstahlfass ausgebaut wird und für frische Weine mit Substanz und Länge steht, zum Zweiten den Herrenstücker Lagenwein, der im Holzfass ohne zugesetzte Hefen spontan vergoren wird. Als Beispiel dafür wurde der 2009 Grauburgunder Bickensohler Herrenstück verkostet. Der Wein zeigte sich frisch, kräftig und dennoch feinnuanciert mit einer Spur von Apfelaromen und lag angenehm am Gaumen. Ebenso in diese Kategorie gehört der 2009 Pinot Noir Bickensohler Herrenstück Lagenwein, Holzfassedition, der sich reintönig und weich mit einer zurückhaltenden Aromatik präsentierte.
Drittens baut das Weingut Koch seine Selektionsweine, seine Großen Gewächse, aus. Diese Erzeugnisse werden mit einem bzw. drei Sternen gekennzeichnet. Eine Besonderheit ist der Pinot Noir, der von uralten, ursprünglichen Burgunderreben stammt (Selection massale). Exemplarisch dafür wurde der 2009 Pinot Noir Rotweinselection * getestet: ein eleganter, konzentrierter Wein mit einer dichten Struktur und einem feinen Tanningerüst mit einem Duft von Tabak.
Holger Koch wird in seiner Arbeit tatkräftig von seiner Frau Gabriele Engesser unterstützt. Gemeinsam haben sie es geschafft, das Weingut auf- und auszubauen. Nachdem in den letzten Jahren wichtige Investionen getätigt wurden, dürfte es leichter fallen, das erreichte qualitative Niveau weiterhin zu konservieren.

Bickensohl

Weingut Karl H. Johner

Weinproduktion auf zwei verschiedenen Kontinenten

Inhaber Karl Heinz und Patrick Johner
Gartenstr. 20
79235 Bischoffingen
Tel.: 07662/6041
Email: info@johner.de
www.johner.de

Rebfläche:	17,5 Hektar
Jahresproduktion:	90.000 - 120.000 Flaschen
Lagen:	Bischoffinger Steinbuck, Oberrotweiler Eichberg
Boden:	Vulkanverwitterung, Löss
Rebsorten:	39 % Rotwein (34 % Spätburgunder, Merlot und Cabernet Sauvignon,), 61 % Weißwein (17 % Weißburgunder, 16 % Grauburgunder, 9 % Rivaner, 6 % Chardonnay, 3 % Sauvignon Blanc, 15 % Sons tige: Auxerrois, Riesling, Gewürztraminer)
Durchschnittsertrag:	65 hl/ha
Beste Jahrgänge:	2007, 2008, 2009

Nähert man sich Bischoffingen von Westen her, springt einem am Ortsrand das 1991 erbaute Ökonomiegebäude des Weinguts Johner mit seinem markanten Turm sofort ins Auge. Es erinnert an eine kleine mediterrane Klosteranlage. Im Turmhaus befindet sich die Probierstube. Hier empfängt der Juniorchef Patrick Johner seinen Besucher.
Im Nu ist man ins Gespräch vertieft, die Unterhaltung verläuft zwanglos und angeregt.
Die Diskussion streifte das ganze Spektrum des Weinan- und -ausbaus.

Der 1972 geborene Patrick studierte nach seinem Abitur in Breisach an der Fachhochschule in Geisenheim, wo er 1996 mit seinem Diplom abschloss. Er absolvierte ein Praxissemester im burgundischen Dijon und nutzte die sich bietenden Gelegenheiten, um weitere weinbauliche Erfahrungen in Australien und Neuseeland zu sammeln. Während dieser Zeit besuchte ihn seinVater. Die Idee, ein Weingut in Neuseeland zu gründen, nahm damals konkrete Formen an. Seit 2000 arbeitet Patrick wieder im elterlichen Betrieb.
Karl Heinz Johner, Jahrgang 1951, erlernte den Beruf des Winzers und wechselte nach seinem Studium in Geisenheim nach Kent in England, wo er 13 Jahre als Winzer auf einem Weingut und als Weinberater arbeitete. Anschließend kehrte er nach Bischoffingen in seinen Heimatort zurück, wo er 1985 ein kleines Weingut gründete. Er startete gewissermaßen wieder von vorne. Sein Vorbild waren Weine des Burgund – kraftvoll und von höchster Ausdrucksstärke und Eleganz. Karl Heinz Johner arbeitete unkonventionell und baute alle Weine konsequent in kleinen Barriques aus. Er legte seinen Schwerpunkt entgegen der Kaiserstühler Winzertradition auf die Erzeugung trockener Weiß- und Rotweine. Dabei verzichtete er auf Lagenbezeichnungen. Sämtliche Weine baute er im Barrique aus. Sein Risiko wurde belohnt. Innerhalb weniger Jahre setzte sich Karl Heinz Johner durch, tatkräftig unterstützt von seiner Frau Irene, und etablierte sich mit seinen Produkten in der Spitzengruppe der badischen Erzeuger.
Zudem verfährt das Weingut Johner „doppelgleisig“: Neben seinen Reben im Kaiserstuhl betreibt es seit 2001 mit 12 Hektar Rebfläche auch Weinbau in Neuseeland, davon 3 ha Sauvignon Blanc, 8 ha Pinot Noir und ein ha mit

10 verschiedenen Rebsorten. Die Arbeit teilen sich Karl Heinz Johner und sein Sohn Patrick gleichermaßen. Der Zeitpunkt der dortigen Lese liegt im deutschen „Frühjahr". In Neuseeland haben die beiden gute Erfahrungen mit Schraubverschlüssen gesammelt. Inzwischen gibt es auf dem Bischoffinger Gut keine verkorkten Flaschen mehr. Alle Flaschen werden mit Edelstahlschraubverschlüssen versehen.

Daher wagte die Verkostungsrunde einen Vergleich zwischen Johners Weinen aus Bischoffingen und aus Neuseeland. Johners Erzeugnisse weisen eine eigene Stilistik aus, die auf Frucht und Intensität setzt. Sehr interessant war die Vertikalprobe von drei Rotweinen.
Wir begannen mit dem 2008 Blauer Spätburgunder trocken Barrique, ein kräftiger, vollmundiger Rotwein mit Aromen von roten Früchten. Die Probe wurde fortgesetzt mit dem 2007 Pinot Noir Bischoffinger Steinbuck trocken Barrique. Er überzeugte durch eine konzentrierte Struktur mit einer dezent rauchigen Note und einem Duft von Brombeeren und Kräutern – ein wirkliches Trinkerlebnis! Im Vergleich dazu der 2008 Pinot Noir Gladstone trocken Barrique: Er wirkt kräftig und zugleich elegant mit einem intensiv fruchtigen Duft nach Kirschen, wunderbar eingebundenen Tanninen und einem angenehmen Nachklang,

Der Neuseeländer 2009 Sauvignon Blanc Gladstone offenbarte sich sehr fruchtig mit Aromen von exotischen Früchten (insbesondere Ananas), mit schön eingebundener rassiger Säure und einem cremig-schmelzenden Abgang, der vor allem die weiblichen Teilnehmer der Runde entzückte.
Beendet wurde die Runde mit dem 2008 Gewürztraminer Spätlese Bischoffinger Steinbuck, 13 %, der sich sehr fruchtintensiv und zartduftig zeigte mit einer würzigen edlen Süße.

Das Weingut Johner hat sich in kurzer Zeit deutschlandweit etabliert. Es ist das Wagnis eingegangen, sich mit den Weingütern am Kaiserstuhl und in Neuseeland auch global zu präsentieren. Den Fähigkeiten der Inhaber ist zuzutrauen, dass ihnen dieser Spagat von dem einen zum anderen Ende der Welt weiterhin erfolgreich gelingt!

Bischoffingen

Paradiesisches Kleinod Schambachtal

Inhaber Stella und Matthias Höfflin
Schambachhof
79268 Bötzingen
Tel.: 0763/1474
Email: info@weingut-hoefflin.de
www.weingut-hoefflin.de

Rebfläche:	10 Hektar
Jahresproduktion:	70.000 Flaschen
Lagen:	Bötzinger Eckberg
Boden:	Löss, Lösslehm
Rebsorten:	40 % Rotwein (34 % Spätburgunder, 6 % Piwis), 60 % Weißwein (15 % Grauburgunder, 15 % Müller-Thurgau, 15 % Weißburgunder, 7 % Chardonnay, 8 % Sonstige: Auxerrois, Gewürztraminer, Muskateller)
Durchschnittsertrag:	60 hl/ha
Beste Jahrgänge:	2007, 2008, 2009

Das Weingut Höfflin befindet sich auf einem Aussiedlerhof im Bötzinger Schambachtal. Es wurde vom Vater des jetzigen Inhabers im Jahre 1970 errichtet. Das Schambachtal ist ein weitgehend naturbelassener Raum am Osthang des Kaiserstühler Badbergs. Das Vulkangestein ist von einer meterhohen Lössschicht bedeckt, in tieferen Lagen durch Ausschwemmung mit Lösslehm. Es ist ein nahezu unberührtes Reservoir von Flora und Fauna, und ebenso ein ideales Terroir für Wein-, Obst- und Gemüsebau. Bereits 1974 hatte sich Vater Höfflin für eine ökologisch-biologische Bewirtschaftung entschieden. Er unterwarf sich den strengen Auflagen des Verbandes Bioland. Während sich ein Sohn, Dietmar, auf Obst- und Gemüseanbau spezialisiert hat, zeichnet der andere, Matthias, für den Weinan- und -ausbau verantwortlich.

Matthias wurde 1967 geboren und erlernte den Beruf des Winzermeisters. Anschließend ging er ins Ausland, um praktische Erfahrungen zu sammeln. 1987 kehrte er auf den elterlichen Hof zurück.

Die günstigen Bodeneigenschaften des Schambachtals kommen Matthias Höfflin zu Gute. Etwa ein Drittel seiner Rebfläche befindet sich in unmittelbarer Nähe des Hofes. Sein Ziel ist es, Weine zu erzeugen, deren Charakter die heimatliche Natur widerspiegeln. Durch seine langjährige intensive Arbeit im biologischen Weinbau hat er mittlerweile eine optimale Rebstockqualität entwickelt. Er setzt auf regionaltypische Rebsorten, eben die klassischen Burgundersorten sowie Auxerrois und Chardonnay. Das gesunde Gleichgewicht der Rebanlagen und die Lebendigkeit der Böden prägen

Lössdurchgang

Bienenragwurz

Wiedehopf

deutlich den Charakter der Weine. Matthias legt Wert auf kleine Ertragsmengen, um so die reichhaltigen Einlagerungen von Aromen und Fruchtnoten zu sichern.

Im Weinausbau entfaltet Matthias Höfflin seine eigene Stilistik. Alle Weine werden konsequent durchgegoren. Die Weißweine bleiben einige Zeit auf der Maische liegen und werden kühl vergoren, damit die Frucht erhalten bleibt. Die Rotweine durchlaufen eine bis zu 18 Tage andauernde Maischegärung, in der Traubensaft, Fruchtfleisch und Beerenhaut durchmengt bleiben und erst danach abgepresst werden. Höfflins Weine profitieren von einer langen Ausbauzeit im Keller – die Weißweine auf Feinhefe, die Rotweine im Holzfass.

Zum Zeitpunkt des Besuches, Ende Februar 2011, entschied sich Matthias, große Teile des Jahrgangs 2010 noch nicht abzufüllen sondern bis August 2011 ruhen zu lassen, damit der Jungwein seinen Charakter entfalten kann. Er hofft, dass er dann seinen Kunden ein Höchstmaß an Genuss und Bekömmlichkeit garantieren kann. Seine besonders hochwertigen Weine erhalten das Prädikat „Prestige". Es bedeutet eine selektionierte hohe Traubenqualität und einen späteren Erntezeitpunkt als dies bei den Kabinettqualitäten der Fall ist.

Zunächst wurde der 2008 Weißer Burgunder Kabinett trocken vorgestellt. Mit zarten Zitrus- und Honigaromen zeigte er ein gutes Gleichgewicht zwischen Fülle und Säure und war sehr bekömmlich und gut verträglich. Als leichtere Variante zum Weißburgunder erwies sich der 2009 Auxerrois Kabinett trocken mit einer leicht würzigen Note.

In einer Vertikalprobe wurden drei Rotweine des Jahrgangs 2007 Spätburgunder Prestige verglichen. Alle drei Weine lagerten im Holzfasss. Sie überzeugten durch weiche, harmonische Abgestimmtheit und Reintönigkeit, zeigten sich wohltuend angenehm am Gaumen und im langen Nachklang. Beim Spätburgunder Barriqueausbau war eine deutlich spürbare Toastung wahrzunehmen. Der Spätburgunder Prestige trocken Barriqueausbau offenbarte zudem eine dichte Struktur und brillante Eleganz.

Bötzingen

Das Weingut Höfflin hat sich bereits sehr früh dem biologischen Anbau verschrieben. Matthias Höfflin würde es nicht tun, wenn er davon nicht überzeugt wäre. Für ihn bedeutet es auch einen wichtigen Gewinn an Lebensqualität. Eine Ansicht, die der kreative Unternehmer mit seiner Frau Stella und seinem Winzermeister Christian Rothe teilt. Getreu ihrer Philosophie. „Weine für Genießer – aus biologischem Anbau!"

Weingut Stefan Rinklin

Visionen vom guten Wein

Inhaber Stefan und Miriana Rinklin
Hauptstr. 102
79268 Bötzingen
Tel.: 07663/949706
Email: kontakt@weingut-stefan-rinklin.de
www. weingut-stefan-rinklin.de

Rebfläche:	3 Hektar
Jahresproduktion:	20.000 Flaschen
Lagen:	Bötzinger Eckberg und Lasenberg
Boden:	Vulkangestein, Löss, Lösslehm
Rebsorten:	30 % Rotwein (30 % Spätburgunder), 70 % Weißwein (33 % Grauburgunder, 29 % Weißburgunder, 8 % Müller-Thurgau,)
Durchschnittsertrag:	60 hl/ha, 35 hl/ha bei Weinen im Barrique-Ausbau
Beste Jahrgänge:	2007, 2009

Bötzingen

Zum ersten Mal begegneten sich Stefan und Miriana Rinklin 2001 im Studentenzimmer einer Kommilitonin in Heilbronn. Miriana studierte Weinmarketing, Stefan belegte den Winzermeisterkurs an der Staatlichen Fachschule für Wein- und Obstbau in Weinsberg. Das eher zufällige Zusammentreffen war der Beginn einer festen Beziehung. Die gelernten Weinküfer Miriana und Stefan stellten sehr schnell fest, dass ihre Ziele und Visionen vereinbar waren und gemeinsam verwirklicht werden konnten. Sie heirateten 2008, nachdem sie 2007 ihr kleines Weingut in Bötzingen gegründet hatten. Dies waren erste Schritte zur Realisierung ihres Traums vom eigenen Weinbau.

Stefan Rinklin entwickelt großen Ehrgeiz, seine Vorstellungen von Weinan- und -ausbau umzusetzen und eine hohe Qualität anzustreben und zu verwirklichen. Seine Weinküferlehre bei der Winzergenossenschaft Bötzingen beendete er 1997, die Ausbildung zum Küfermeister schloss er 2001 ab. Er arbeitete als Betriebsleiter und Kellermeister bei verschiedenen renommierten badischen Weingütern. Die hier gemachten Erfahrungen gaben ihm das nötige Rüstzeug und Vertrauen in das eigene Können. Da Stefan schon während seiner Ausbildungsphasen seinem Vater Karl Rinklin tatkräftig geholfen hatte, lag es nahe, die der Familie gehörenden Rebareale zu übernehmen und auszubauen. 2007 erfolgte der Schritt in die Selbstständigkeit, das eigene Weingut wurde gegründet.Unterstützt werden Stefan und Miriana, die u.a. bei der Winzergenossenschaft Schliengen gearbeitet hat, nach wie vor von den Eltern Karl und Helga Rinklin.

Die erste schwierige Anfangsphase ist überstanden. Dem Weingut Rinklin gelang es in kurzer Zeit, mit seinen Weinen Aufmerkamkeit zu erregen. Im Weinführer Gault Millau wird es schon mit einer Traube geführt, im Eichelmann 2011 erhält es 1,5 Sterne.

Stefan Rinklin konzentriert sich auf die Burgundertrauben. Stilistisch verfolgt er beim Ausbau zwei Linien: Weine aus dem Edelstahltank und Weine aus dem Holzfass. Im Keller kann er seine Fähigkeiten zeigen und entfalten. Er erzeugt elegante, wohlschmekkende, stoffige Weißweine ohne Zugabe von Restsüßen und produziert „betörende“ Spätburgunder, wobei er ohne Deckweine auskommt. Miriana und Stefan arbeiten gerne im Team; bei der Festlegung der Cuvées im Keller z.B. können sich beide unabhängig voneinander auf ihre gute, ausgeprägte Sensorik verlassen.
In der Verkostungsrunde wurden zunächst zwei Weißburgunder gegenübergestellt: Der 2009 Weißburgunder trocken zeigte sich fruchtig, frisch, kräftig, mit einem cremigen Abgang. Dagegen präsentierte sich der 2007 Weißburgunder Barrique trocken rund im Geschmack mit einer dezenten Toastung sowie einer dichten Struktur von reifen Früchten; er umschmeichelte die Sinne mit seiner weichen Eleganz.
Bei den Roten überzeugte der 2008 Spätburgunder Bestes Fass trocken mit wunderbaren Kirschdüften, gehaltvollen Inhalten und einem harmonischen langen Nachklang. Der 2009 Spätburgunder trocken offenbarte zarte Gerbstoffe, Kirscharomen und lag sehr angenehm am Gaumen. Nach Meinung der Verkoster wird dieser Wein sein Potential in den kommenden Jahren erst noch entfalten.

Zielstrebig planen Stefan und Miriana bereits ihre nächsten großen Vorhaben: den Umbau und die Modernisierung des Weinguts und eine schrittweiseVergrößerung der Rebflächen.
Der Kaiserstuhl besitzt ein großes Potential an jungen Winzern. Zu ihnen sind Stefan und Miriana auf jeden Fall dazu zu zählen. Wenn sie sich weiterentwickeln wie bisher, darf noch Großes von ihnen zu erwarten sein. Wir sind gespannt!

Bötzingen

Weingut Ralf Trautwein

Jung und voller Tatendrang

Inhaber
Ralf Trautwein
Hauptstr. 106
79268 Bötzingen
Tel.: 07663/5185
Email: weingut.trautwein@gmx.de
www.weingut-ralf-trautwein.de

Rebfläche:	6 Hektar
Jahresproduktion:	45.000 Flaschen
Lagen:	Bötzinger Eckberg und Lasenberg
Boden:	Löss, Vulkangestein, Granit
Rebsorten:	50 % Rotwein (50 % Spätburgunder), 50 % Weißwein (35 % Grauburgunder und Weißburgunder, 15 % Sonstiges: Müller-Thurgau, Chardonnay, Auxerrois, Sauvignon Blanc)
Durchschnittsertrag:	70 hl/ha, bei Selektionsweinen 35 bis 40 hl/ha
Beste Jahrgänge:	2008, 2009

Der Winzerort Bötzingen wird gern als „das Tor zum Kaiserstuhl“ bezeichnet. Die Landstraße, von Freiburg kommend, führt durch Bötzingen hinauf zum Vogelsangpass und mitten ins Herz des Kaiserstuhls. Am Nordende des Ortes liegt das Weingut Ralf Trautwein; es ist das letzte Haus in Richtung Eichstetten. Der Osthang des Kaiserstühler Badbergs ist zwischen Bötzingen und Eichstetten von einer mächtigen Lössschicht überdeckt. Hier liegt die Weinlage Bötzinger Eckberg. An diesem Hang, in Spitzenlagen, gedeihen die Reben von Ralf Trautwein. Er bewirtschaftet das Weingut gemeinsam mit seiner Lebensgefährtin Simone Ambs.
Ralf ist der Sohn von Horst und Ilse Trautwein, die in Bötzingen Landwirtschaft, genauer gesagt Gemüse- und Weinanbau betrieben. Er wurde 1976 geboren und begann nach dem Schulbesuch eine Lehre zum Weinküfer bei der Winzergenossenschaft Bötzingen. Daran schloss er eine Ausbildung zum Kellermeister bei der Staatlichen Fachschule für Wein- und Obstbau in Weinsberg an, die er 1999 erfolgreich beendete. Bis 2004 war er als Kellermeister bei dem Weingut Soder in Istein angestellt. Hier konnte er weitere praktische Erfahrungen sammeln.

Als ausgebildeter Fachmann war er natürlich immer „mit einem Bein“ zu Hause in Bötzingen, um die Eltern zu unterstützen. Sein Vater erkrankte schwer, so dass Ralf sich entschloss, die Pflege der 3,5 Hektar Rebfläche des Vaters im Nebenerwerb zu übernehmen. Seit 2001 verantwortete er zudem auch noch den Ausbau der Weine im Keller. Er kündigte die Mitgliedschaft in der Winzergenossenschaft, pachtete weitere Rebflächen hinzu und wagte Ende 2004 den Schritt in die Selbstständigkeit. Die Startphase gestaltete sich schwierig. Ralf Trautwein versuchte seine eigene Stilistik zu finden, bei der Vermarktung musste er viel dazulernen. Inzwischen verkauft er immerhin 40 % seiner Weine über den Fachhandel, 60 % gehen an den privaten Endverbraucher. Er hat sich also mit seinen Produkten am Markt behaupten und durchsetzen können.
Sein Vater übertrug ihm auch das Brennrecht, so dass er das hofeigene Obst (u.a. Mirabelle, Apfel, Williamsbirne, Zwetschge) zu Edelbränden destillieren kann.
Ralf Trautwein baut seine Weine allesamt ertragsreduziert und fruchtig-frisch aus.
Folgende Weine wurden verkostet: Zuerst ein 2009 Sauvignon Blanc, ein fruchtiger, leichter, wohlschmeckender Wein mit dezenter Säure. Ihm folgte

eine Vertikalprobe mit zwei Weißburgundern. Der 2009 Weißbugunder Kabinett trocken zeigte sich fruchtintensiv, weich und vollmundig mit einem zarten Duft von Melone; dagegen präsentierte sich der 2009 Weißburgunder Spätlese trocken füllig mit dichter Struktur und reifer Frucht mit leicht nussigen Aromen, trotzdem sehr elegant und angenehm am Gaumen.

Eine weitere Vertikalprobe beendete die Verkostung. Der 2008 Pinot Noir trocken offenbarte einen Duft von intensiven Waldbeeren und einer leicht rauchigen Tabaknote. Den Abschluss bildete der 2009 Spätburgunder** Spätlese trocken „Edition". Er zeigte eine gut ausgebaute, komplexe Tanninstruktur und eine dezente Holzfass-Note. Den Verkostern erschien er noch sehr jung; bei entsprechender Lagerung wird er seine optimale Trinkreife erst in einigen Jahren erreichen.

Doch möchte sich Ralf Trautwein mit dem Erreichten nicht zufrieden geben. Der bisherige Erfolg bestätigt ihn darin, weiter zu investieren. Er muss das Weingut umstrukturieren, da sein Keller die Kapazitätsgrenzen bereits jetzt erreicht hat. Also schmiedet er Pläne für einen Umbau und Ausbau des Weinguts in nicht allzuweiter Ferne. Aber Trautwein ist jung und ehrgeizig genug, um auch diese Hürde zu meistern.

Weißburgunder *Spätburgunder*

Erstklassiges traditionsreiches Weingut

Inhaber Arne und Martin Bercher
Mittelstadt 13
79235 Vogtsburg- Burkheim
Tel.: 07662/90760
Email: info@weingutbercher.de
www.weingutbercher.de

Rebfläche:	25 Hektar
Jahresproduktion:	180.000 Flaschen
Lagen:	Burkheimer Feuerberg, Burkheimer Schlossgarten, Jechtinger Eichert, Sasbacher Limberg
Boden:	Vulkanverwitterung, Löss
Rebsorten:	40 % Rotwein (40 % Spätburgunder), 60 % Weißwein (23 % Grauburgunder, 17 % Weißburgunder, 7 % Chardonnay, 8 % Riesling, 5 % Sonstige: Muskateller)
Durchschnittsertrag:	50 hl/ha
Beste Jahrgänge:	2007, 2008, 2009

Das Weingut Bercher befindet sich inmitten des alten Ortskerns des malerischen Städtchens Burkheim, einem Ortsteil des Kaiserstühler Gemeindeverbands Vogtsburg. Das Gutshaus wurde 1756 von Franz Michael Bercher erbaut und ist seither durchgehend im Familienbesitz und Sitz des Weinguts. Es birgt einen riesigen Kreuzgewölbekeller in einer Dimension, die sonst nur von Kirchen oder Schlössern bekannt ist. Diese historische Seltenheit wird gegenwärtig als Weinkeller zur Lagerung der Holz- und Barriquefässer genutzt.

Die Geschichte des Winzergeschlechts Bercher ist noch älter. Sie läßt sich bis 1457 zurückverfolgen. Die ursprünglich Schweizer Familie siedelte sich nach dem 30jährigen Krieg am Kaiserstuhl an.

Das Weingut Bercher wird seit September 2007 von den beiden Cousins Martin und Arne Bercher geleitet. Es wurde ihnen von ihren Vätern Eckehardt und Rainer Bercher überschrieben, die die Geschicke des Weingut zuvor nahezu 30 Jahre gelenkt und weiterentwickelt haben.

Martin, Jahrgang 1969, und der 1974 geborene Arne haben nach ihrem Abitur eine Winzerlehre durchlaufen und verschiedene Praktika auf renommierten Weingütern absolviert.

Anschließend studierten beide in Geisenheim Weinbau und Oenologie. Danach ging Martin mehrere Monate auf Weltreise, um nach seiner Rückkehr als Betriebsleiter auf einem pfälzischen Weingut unternehmerische Erfahrungen zu sammeln. Arne arbeitete für ein Weingut in New York.

Nach der Ausbildung kehrten beide nach Burkheim zurück: Martin 1998 und Arne 2003. Sie versuchten nun im elterlichen Betrieb, gewonnene Erfahrungen und neue Erkenntnisse mit einzubringen. Bis heute hat sich eine Arbeitsteilung bewährt, die schon von den Vätern praktiziert wurde. Martin fühlt sich für die Arbeitsabläufe im Weinbau, d.h. für die Kultivierung der Reben zuständig, während Arne primär bei der Vinifikation und Reifung im Keller den indiduellen Charakter der Weine herauszuarbeiten versucht.
Martin Bercher betont im Gespräch, dass er sich mit seinem Cousin Arne natürlich der Familientradition verpflichtet fühlt. Sie sei Aufgabe und Ansporn zugleich. Als Winzer der zehnten Generation gelte es, das Erbe zu bewahren, sprich einen naturnahen, zeitgemäßen Weinbau zu betreiben und hochwertige Weine zu erzeugen. Dies sei er auch seiner Nachkommenschaft schuldig.
Das Weingut Bercher ist Mitglied im Verband deutscher Qualitäts- und Prädikatsweingüter (VDP). Dessen Mitgliedsbetriebe stehen für kompromissloses Qualitätsstreben, aber auch für regionaltypischen und nachhaltigen Weinbau.
Es zählt zu den ganz Großen in seiner Zunft. In den bekannten deutschen Weinführern werden sie in der Spitzengruppe der badischen Weinerzeuger gezählt. Diese Auszeichnungen besitzen weltweit ihre Gültigkeit.
Martin Bercher schätzt sich glücklich, über sehr gute Böden und geeignetes Terroir zu verfügen, das ihm hochwertige Qualitäten ermöglicht. So beispielsweise die Lage Burkheimer Feuerberg: Das dunkle Vulkanverwitterungsgestein sorgt für eine optimale Wärmespeicherung, ideal für die Burgundertrauben. Diese Spitzenlage garantiert aufgrund des hohen Mineralgehaltes und des besonderen Kleinklimas elegante und zugleich kraftvolle Weine.
Dies wurde bei der Verkostung der Bercher Weine allemal bestätigt. Ausgesucht wurden der 2009 Weißburgunder Burkheimer Feuerberg Kabinett trocken. Er präsentierte sich harmonisch elegant, fruchtbetont und reinfüllig mit einen Hauch von Melone.
Der 2009 Grauburgunder Burkheimer Schlossgarten Kabinett trocken hatte fruchtig-blumige Aromen, zeigte sich anregend und rassig im Geschmack, bukettreich mit einem Duft nach weichen Früchten (Pfirsich, Honigmelone, Physalis).
Als krönender Abschluß wurde der 2008 Spätburgunder Rotwein Burkheimer Freuerberg Kabinett trocken verkostet. Er offenbarte eine runde, gute, dichte Struktur und bei dezentem Holz einen angenehmen, langanhaltenden Abgang.
Durch die umsichtige und besonnene Führung durch Martin und Arne Bercher ist es um die Zukunft des Weinguts bestens bestellt!

Burkheim

Weingut Friedrich Kiefer

Junge Generation sorgt für frischen Wind

Inhaber
Martin u. Helen Schmidt
Bötzinger Straße 13
79356 Eichstetten
Tel.: 07663/1063
Email: info@weingutkiefer.de
www.weingutkiefer.de

Rebfläche:	14 Hektar (plus 90 Hektar durch Vertragswinzer)
Jahresproduktion:	800.000 Flaschen
Lagen:	Eichstetter Herrenbuck
Boden:	Vulkangestein, Löss
Rebsorten:	35 % Rotwein (35 % Spätburgunder), 65 % Weißwein (22 % Grauburgunder, 18 % Müller-Thurgau, 11 % Weißburgunder, 14 % Sonstige: Riesling, Chardonnay, Muskateller, Scheurebe, Gewürztraminer, Piwis)
Durchschnittsertrag:	70 hl/ha
Beste Jahrgänge:	2008, 2009

Mit Martin und Helen Schmidt hat eine junge Generation das Weingut Kiefer übernommen.

Sie respektieren und schätzen durchaus die lange Tradition des Weinguts Kiefer, setzen aber neue zeitgemäße Akzente und beschreiten innovative Wege. „Kiefers Klassiker“ bekommen Konkurrenz durch „Kiefers Freche Kaiserstühler“ und „Kiefers Junge Poeten“. Damit wird eine neue Marktstategie erkennbar. Eine neue Weinstilistik braucht eine andere Performance. Das Weingut setzt in seiner Firmenphilosophie zunehmend auf die jungen Leute als Weinkonsumenten. Diese Zielgruppe visiert sie an und will sie als Neukunden gewinnen, ohne jedoch das klassische Profil zu vernachlässigen.

Martin Schmidt hat im Jahr 2008 zusammen mit seiner Frau das Weingut Kiefer von Lutz Grafahrend übernommen. Grafahrend ist ein Urenkel des Oberlehrers Friedrich Kiefer, der das Weingut 1851 gegründet hatte.

Martin Schmidt ist gebürtiger Eichstetter und Sohn des Ökowinzers Richard Schmidt.

Bereits seit 2003 ist er für den Weinbau des Weinguts Kiefer und die gesamte Vinifikation – die Trauben aus dem eigenen Weingut und der angeschlossenen Erzeugergemeinschaft – verantwortlich. Martin Schmidt wurde im Berufswettbewerb des Jahres 1999 zum „Besten Winzer” gekürt. Sein Studium an der Fachhochschule Geisenheim schloss er als Diplom-Ingenieur für Weinbau und Oenologie mit Auszeichnung ab.

Maßgeblich unterstützt wird er von seiner Frau Helen, einer ausgebildeten Diplom-Öcotrophologin. Sie bringt kreative Ideen in das Unternehmen ein, entwickelt Leitbilder und neue Projekte, kümmert sich um Fragen des Organisations- und Personalmanagements.

Das Weingut Kiefer ist ein florierendes und prosperierendes Unternehmen.
Der 1975 geborene Martin Schmidt ist als „Chefwinzer“ und Jungunternehmer für das Weingut Kiefer verantwortlich. Er hat sich ein Team mit jungen Leuten aufgebaut. So sind für den Außenbetrieb Stefan Halbritter, für den Keller Markus Weishaar, für den Vertrieb Alexander Ultes zuständig. Die Arbeitsaufteilung ist bei der Größe des Betriebes – jährlich werden 800.000 Flaschen Wein produziert – unerlässlich. Neben den 14 weingutseigenen Hektar werden 90 Hektar durch Vertragswinzer bewirtschaftet, dazu gehören 10 Vollerwerbsbetriebe und 40 Nebenerwerbsbetriebe. Die Koordinierung der Vertragswinzer hat sich nach Aussage von Martin Schmidt eingespielt und verläuft nahezu reibungslos. Die Strukturen bestehen schon seit längerer Zeit, die Logistik wurde optimiert.
Schon traditionell liegt das stärkste Marktsegment beim Fachhandel. Es beträgt ca. 75 %. Trotz der Einführung der neuen Produktlinien bleiben Kiefers Klassiker ein elementarer Schwerpunkt des Weinausbaus. Die Spitzenweine aus der Lage Eichstetter Herrenbuck erhalten je nach der Art des Ausbaus die Bezeichnungen Tradition, Innovation, Prachtstück oder Dreistern.
Wir begannen die Verkostungsrunde mit dem 2010 Rivaner feinherb, er wirkte frisch, fruchtig, an exotische Aromen erinnernd, anregend-belebend. Ihm folgte der 2010 Sauvignon Blanc trocken, er zeigte eine rassige Säure und lebendige Frische, mit vegetativen Aromen (Gras, Heu) und feiner Mineralität.
Der 2009 Eichstetter Herrenbuck Dreistern Grauburgunder trocken duftete nach Aprikosenaromen, zeigte am Gaumen eine florale, leicht würzige Note, lag geschmeidig und cremig auf der Zunge und präsentierte sich weich und anhaltend im Abgang.
Den Abschluss bildeten zwei Rotweine: zunächst der 2008 Spätburgunder Rotwein trocken, er leuchtete kräftig rubinrot im Glas, demonstrierte ein saftiges, dichtes Bukett mit unverkennbarem Duft nach Waldbeeren, seine Lagerung im großes Eichenholzfass gibt er geschmacklich beim Nachklang zu erkennen. Zum Zweiten der 2007 Spätburgunder Rotwein Dreistern „Gutsabfüllung“ trocken. Seine Farbe besticht durch ein dunkles Rubinrot, deutlich wahrnehmbare Röstaromen, würzig-rauchige Note, Waldbeerаro-

men, er überzeugte durch eine große Tiefe und Ausgewogenheit. Ein tadelloser Ausbau!
Martin und Helen Schmidt verkörpern nicht nur den jungen Stil, sie strahlen ihn auch aus. Ihre Begeisterung ist spürbar, wenn sie sagen: „Wir wollen, dass sich der Geschmack vollreifer Trauben mit ihrem wunderbaren Spiel von Aromen und Fruchtsäuren in unseren Weinen wiederfindet, geprägt von Boden und Klima unserer Lagen."

Weingut Arndt Köbelin

Unverwechselbarer Burgunderstil

Inhaber Arndt Köbelin
Dillstr. 1/Altweg 131
79356 Eichstetten
Tel.: 07663/1414
Email: arndt.koebelin@t-online.de

Rebfläche:	9 Hektar
Jahresproduktion:	65.000 Flaschen
Lagen:	Eichstetter Herrenbuck
Boden:	Vulkanverwitterungsgestein mit größtenteils mächtiger Lössauflage
Rebsorten:	25 % Rotwein (25 % Spätburgunder), 75 % Weißwein (25 % Weißburgunder, 25 % Grauburgunder, 13 % Rivaner, 7 % Riesling, 5 % Sonstige (Scheurebe, Muskateller, Gewürztraminer)
Durchschnittsertrag:	70 hl/ha, 35 hl/ha bei den Drei- Sterne-Selektionsweinen
Beste Jahrgänge:	2007, 2008, 2009

Das Jahr 2010 bedeutete für Arndt Köbelin Umbruch und Investition. Er baut gerade ein neues Ökonomiegebäude außerhalb des Eichstetter Oberdorfs mit einer traumhaften Rundumsicht auf Kaiserstuhl und Schwarzwald, natürlich auch mit Blick auf die nahe gelegenen Rebanlagen der Köbelins. Pylonen aus Lösslehm geben dem neuen, modern gestalteten Gebäude ein unverwechselbares Interieur. Köbelin schafft somit Voraussetzungen, um auch in Zukunft ein ganz Großer seiner Zunft zu sein. Er bringt damit zum Ausdruck, dass er seinem Winzerberuf und seinen Rebbergen nachhaltig verbunden ist. Seine Arbeitsphilosophie lautet daher auch, Weine mit einer qualitativ hochwertigen Authentizität zu produzieren. Die Verkostungsproben haben dies sehr eindrücklich bestätigt.

Arndt Köbelin, Jahrgang 1970, hat denWinzerbetrieb seines Vaters Albert im Jahr 2005 übernommen. Nach Schulbesuch und Winzerlehre, die er auf dem Weingut Fischer in Nimburg-Bottingen absolvierte, arbeitete er bei verschiedenen badischen Weinbaubetrieben. 1995 schloss er seine Ausbildung zum Kellermeister an der Staatlichen Weinschule in Weinsberg ab. Als junger Mensch zog es ihn in die Ferne. Ein Dreivierteljahr lebte er in Neuseeland und hospitierte bei verschiedenen Weingütern, um sein Wissen und seine praktischen Kenntnisse zu vervollkommnen. Nach seiner Rückkehr erhielt er eine Anstellung als Kellermeister bei der Winzergenosenschaft in Durbach. Hier lernt er seine Frau Monika, eine Durbacher Winzerstochter, kennen und lieben. Das Ehepaar Köbelin hat inzwischen zwei Kinder.

Die Entscheidung, sich selbständig zu machen und den Hof seines Vaters in eigener Regie zu führen, hat Arndt nicht bereut. In kurzer Zeit konnte er die von seinem Vater übernommenen 4,5 Hektar verdoppeln und so eine gesicherte Existenzgrundlage schaffen. Schritt für Schritt verwirklichte er seinen Plan, Weine zu produzieren, die den Gegebenheiten des Kaiserstühler Terroirs entsprechen. Den Erfolg, den er inzwischen genießt, führt er auf die Gesamtheit aller Arbeitsschritte des Winzers zurück. Für ihn ist die Pflege des Weinbergs entscheidend. Er verwendet nur eigens hergestellten Kompost (aus Pferdemist, Trester und Grünschnitt) und zwingt seine Reben, sehr tief zu wurzeln, um die Mineralität des Lössbodens auszunutzen. Die Handlese der Trauben wird selektiv durchgeführt. Diese werden sehr schonend verarbeitet. Ebenso sorgfältig erfolgt der Ausbau im Keller.

Die Ergebnise seiner Arbeit können sich sehen lassen, wie die aktuellen Weinführers Deutschlands bestätigen. Sie zeichneten ihn mit zwei Sternen und mit zwei Trauben aus.

Im Jahr 2008 belegte sein Grauburgunder Spätlese den ersten Platz beim Internationalen Kaiserstühler Grauburgunder Cup. Seine Spitzenweine bezeichnet Arndt Köbelin mit drei Sternen. Sie stehen für alte Reben, für Ertragsreduktion und für Vinifizierung und Ausbau im Holzfass.

In der Tat liegt der Schwerpunkt der Erzeugnisse des Weinguts Köbelin auf den Burgundersorten.

Sie kamen bei der Verkostungsrunde zum Tragen: Der 2009 Grauburgunder Spätlese trocken, im Holzfass gereift, zeigt sich als tiefgängiger großer Burgunder mit einem sehr gut eingebundenen Bukett und einem vielschichtigen Feuerwerk auf der Zunge.

Der 2009 Weißer Burgunder Spätlese trocken, im Holzfass gereift, ein kräftiger, gut ins Eichenholz eingebundener Wein mit leicht nussigen Röstaromen und mit frischer Mineralität.

Als krönender Abschluss der 2009 Spätburgunder Rotwein trocken, Reifung im Barriquefass: Der Wein offeriert sich dem Verkoster ausdrucksvoll, zugleich weich und samtig, nach dunklen Waldbeeren duftend. Sein lang anhaltender Abgang offenbart feine gewobene, nicht überbetonte Gerbstoffe und ein unverwechselbares Aromaprofil.

Arndt Köbelin hat sich in wenigen Jahren zu einem Winzer der Spitzenklasse entwickelt. Aufgrund seiner Investitionen und seinen Fähigkeiten als Winzer- und Kellermeister können wir von ihm zukünftig ein Repertoire großartiger Weine erwarten! Gedulden wir uns und warten es in Ruhe ab.

Ökologisches Weingut Schmidt

Eichenblatt als Markenzeichen

Inhaber Richard Schmidt
Altweg 67
79356 Eichstetten
Tel.: 07663/3123
Fax : 07663/940858
Email: info@schmidt-weingut.de
www.schmidt-weingut.de

Rebfläche:	6 Hektar
Jahresproduktion:	40.000 Flaschen
Lagen:	Eichstetter Herrenbuck
Boden:	Lössböden mit teils vulkanischer, teils kalkhaltiger Gesteinsunterlage
Rebsorten:	50 % Rotwein (40 % Spätburgunder, 10 % Piwis (Regent, Marechal Foch, Leon Millot, Cabernet-Sorten), 50 % Weißwein (16 % Grauburgunder, 14 % Müller-Thurgau, 7 % Weißburgunder, 7 % Riesling, 3 % Sauvignon Blanc, 3 % Johanniter, 2 % Auxerrois,)
Durchschnittsertrag:	70 hl/ha, die Spitzenlagen liegen bei 40 - 50 hl/ha
Beste Jahrgänge:	2003, 2005, 2007, 2009

Eichstetten

Wenn das Ehepaar Waltraud und Richard Schmidt zurückblickt, kann es dies mit Zufriedenheit und etwas Stolz tun. „Unser Leben ist sehr arbeitsreich gewesen, war letztlich aber doch von Erfolg gekrönt," untermauert die Ehefrau die Aussagen ihres Mannes.

Waltraud stammt selbst aus einer Bötzinger Winzerfamilie und heiratete in die Eichstetter Familie Schmidt hinein, die bereits seit mehreren Generationen Weinbau betrieb. Richard erinnert sich sehr genau, wie Großvater und Vater Trauben für die Winzergenossenschaften produziert hatten. Der Weinanbau sei damals aber nur eine unter mehreren landwirtschaftlichen Erwerbsquellen gewesen. Der Betrieb der Familie war ein typischer landwirtschaftlicher Mischbetrieb mit den Standbeinen Obst- und Gemüseanbau, Ackerbau und Viehzucht. „Ich selbst habe noch gelernt, wie man das Ross vor den Pflug spannt und konnte als junger Mann gut damit umgehen", berichtet Richard, „die Spezialisierung und der Einsatz von Maschinen sei erst später erfolgt."

Richard hatte nach dem Schulbesuch eine landwirtschaftliche Lehre begonnen und war vom Weinanbau so fasziniert, dass er daran eine Ausbildung zum Winzermeister anschloss, die er 1975 beendete. Kurz darauf übernahm er den elterlichen Hof. Er hatte zwischenzeitlich noch mehr praktische Erfahrungen über den Weinan- und -ausbau gesammelt und strukturierte An-

fang der 80er Jahre den Betrieb um. Seinen Schwerpunkt verlagerte er auf den ökologischen Weinbau. Schritt für Schritt vergrößerte er seine Anbaufläche auf insgesamt 6 Hektar. „Natürlich war dieser Schritt ein großes Wagnis", resümiert Richard Schmidt heute, „aber ich war und bin von der naturnahen und gesunden Wirtschaftsweise überzeugt. Diejenigen Kollegen, die mich seinerzeit wegen meines Vorgehens belächelt haben, behandeln mich heute mit gehörigem Respekt."

Damit gehört Schmidt zur ersten Generation der Bioweinbauern. Zu seinen Ziehvätern zählt er insbesondere Wendelin Brugger aus Laufen und Gerd Hügle aus Bombach. Seit 1987 gelingen ihm gut vinifizierte Jahrgänge. Seine Weine genießen einen guten Ruf und werden immer wieder ausgezeichnet. 2009 adelte ihn der Gault Millau mit einer Traube, auch die Zeitschrift Selection verlieh ihm Auszeichnungen, im Ecovin-Verband wurden seine Weine immer wieder als „beste Bioweine" prämiert.

Bereits 1993 schloss sich Richard Schmidt dem Verband ECOVIN an. Deren Kontrollen garantieren die Einhaltung ökologischer Richtlinien: kein Einsatz von Pestiziden, handverlesene Trauben und eine naturbelassene Vinifikation.

Schmidts Trauben werden handverlesen sortiert und schonend verarbeitet. Er lagert seine Weine sehr lange auf der Feinhefe, seine Weine benötigen daher nur sehr wenig Schwefel. Seine Rotweintrauben durchlaufen eine Maischegärung.

Das Ergebnis der Arbeit von Waltraud und Richard Schmidt, die übrigens das Weingut, abgesehen von der Lesezeit, eigenständig und allein bewirtschaften, sind hochwertige und bekömmliche Weine.
Zu diesem Urteil gelangte auch die Verkostungsrunde. Besonders zu gefallen wusste der 2009 Riesling Kabinett: ein fruchtig-spritziger, säurebetonter, dennoch sehr bekömmlicher Weißwein. Der 2009 Spätburgunder Rosé offenbarte Nuancen von Erdbeeraromen, wirkte gut strukturiert und trotz seines Alkoholvolumens von 13 Prozent leicht und weich. Als Klassiker lässt sich der Spätburgunder Rotwein aus dem Jahrgang 2006, Eichstetter Herrenbuck, beschreiben: ein kraftvoller, fruchtiger Rotwein, im Barrique gereift, sehr intensiv und angenehm am Gaumen. Letztlich wurde der Carmino getestet. Er ist eine Rotweincuvée aus verschiedenen Cabernetsorten, ausgebaut im kleinen Eichenholzfass mit deutlich wahrnehmbaren Beerenaromen, einer dunkelroten Farbe und einem angenehmen Nachgang.

Die Verkosterrunde brachte zum Ausdruck, dass Richard Schmidt sein Markenzeichen, das Eichenblatt, völlig zu Recht trägt, nämlich als „Sinnbild reiner Kultur“. Ihm ist zu wünschen, dass er seinen ökologischen Anspruch und sein Niveau noch lange aufrecht erhalten und ausbauen kann.

Glück im Unglück

Inhaber
Andreas Neymeyer
Königschaffhauser Str. 8
79346 Endingen
Tel.: 07642/6009
Email: service@weingut-bastian.de
www.weingut-bastian.de

Rebfläche:	38 Hektar (davon 10 ha eigene Rebflächen, 28 ha durch Vertragswinzer)
Jahresproduktion:	300.000 Flaschen
Lagen:	Endinger Engelsberg, Endinger Tannacker, Endinger Vulkanfelsen, Burkheimer Schlossberg, Wettelbrunner Maltesergarten
Boden:	Lösslehm, Vulkanverwitterungsgestein
Rebsorten:	50 % Rotwein (48 % Spätburgunder, 2 % Sonstige: St. Laurent, Cabernet Mitos), 50 % Weißwein 20 % Müller-Thurgau, 20 % Grauburgunder, 5 % Weißburgunder, 5 % Sonstige: Scheurebe, Riesling, Gewürztraminer, Gutedel)
Durchschnittsertrag:	75 hl/ha
Beste Jahrgänge:	2007, 2008, 2009

Anfang des Jahres 2010 geschah auf dem Gelände des Weinguts L. Bastian ein großes Unglück. Ein Großfeuer zerstörte die Lagerhalle. Es entstand ein Schaden in Millionenhöhe. Nach einem Jahr des Provisoriums wird im kommenden Jahr ein komplett neues Wirtschaftsgebäude errichtet.

Doch hatte das Weingut auch Glück im Unglück: Bei den Abbrucharbeiten kam hinter einem versteckten, bislang nicht zugänglichen Treppenabgang ein zugemauertes kleines Verlies zum Vorschein. Hier hatte der Großvater des jetzigen Inhabers einige Raritäten vergraben, damit sie nicht den 1945 in Endingen einmarschierenden französischen Besatzungstruppen in die Hände fielen. Rund 500 Flaschen Weine aus den vierziger Jahren wurden jetzt wiederentdeckt, sehr zur Freude von Andreas und seinem Vater Bernhard Neymeyer. Der älteste, noch trinkbare Wein ist ein Ruländer aus dem Jahr 1938.

Das Weingut besteht seit über 140 Jahren. Es wird nach seinem Gründer Leopold Bastian genannt. Der 35jährige jetzige Inhaber Andreas Neymeyer führt es nunmehr in der 5. Generation. Neymeyer ist auf dem Weingut aufgewachsen. Nach dem Abitur studierte er in Geisenheim. Bevor er als Diplomingenieur für Weinbau und Oenologie nach Endingen zurückkehrte und die Geschäftsleitung des Weinguts und des Weinhauses Bastian übernahm, verbrachte er einige Zeit in Fleurie, einem Cru der französischen Weinregion Beaujolais. Hier konnte er insbesondere seine Kenntnisse über Rotweinbereitung und Maischegärung erweitern.

Zurück in Endingen sorgte Neymeyer für frischen Wind. Er führte effektivere Pressverfahren ein, stellte die Weißweinproduktion um, baute das Segment der trockenen Weine aus, entwickelte neue Ausbautechniken. Die Ergebnisse schlagen sich nieder z.B. in der Kollektion des „Novum“ Rotweins und der Bastian Selektionslinie „SL“.

Andreas Neymeyer arbeitet gern im Team. Ihm zur Seite stehen der Kellermeister Falk Hermann, der für die Außenbewirtschaftung zuständige Bernd Eberenz und der kaufmännische Leiter Bruno Müller.

Zum Weingut Bastian gehört auch die kleinste Kaiserstühler Weinbergslage, der 44 Ar große Burkheimer Schlossberg. Sie wird auch als die Wiege des Kaiserstühler Grauburgunders bezeichnet, weil hier entscheidende Ereignisse für die Bedeutung dieser Rebsorte am Kaiserstuhl stattgefunden haben. Im 14. Jahrhundert waren die Zisterzienser Mönche im Auftrag Kaiser Karls IV maßgeblich an deren Verbreitung beteiligt. Da die Mönche graue

Kutten trugen, wurde der Wein entsprechend Grauburgunder genannt. Seit 1928 ist das Weingut vereidigter Messweinlieferant für das Erzbistum Freiburg.
Eher untypisch für Endingen ist, dass das Weingut Bastian Gutedel-Traubengut von Verwandten aus Wettelbrunn zu einer „Edition Andreas Neymeyer“ ausbaut und vermarktet.
Zur Verkostung standen zwei Vertikalproben des Weinguts an. Zum einen der 2009 Grauburgunder Kabinett trocken, 12 %, ein erfrischender, spritziger Wein mit einem Duft nach Zitrone und Melone, zum anderen der 2009 Grauer Burgunder SL Spätlese trocken, 14 %, eine langanhaltende, weiche, vielschichtige, fruchtbetonte Kreation mit guter Konzentration und Aromen von Mango und Melone.
Bei den Rotweinen verglichen wir den 2009 Spätburgunder Rotwein feinherb Edition „Stephanie“, 12 %, mit dem 2009 „Novum“ Spätburgunder Rotwein trocken SL Endinger Engelsberg, 13,5 %. Beide zeigten eine dunkel leuchtende rubinrote Farbe im Glas. Feinherb steht für die Zugabe einer dezenten Restsüße. Diese Note kam besonders bei den weiblichen Teilnehmern der Runde gut an. Während der erste Wein nach Ansicht der Expertenrunde Aromen von Erdbeeren und Kirschen offenbarte und seine Tannine angenehm und bekömmlich wirkten, überzeugte der zweite durch samtig weiche und runde Gerbstoffe mit Düften nach Kirschfrucht und einem Hauch von Vanille. Sein Geschmack ist intensiv und zugleich rund und gehaltvoll.
Die Weiterentwicklung des Weinguts ist deutlich erkennbar und uneingeschränkt zu begrüßen!

Endingen

Angestrebte Symbiose von Kunst- und Weinkultur

Inhaber Thomas und Regina Rinker
Hennengärtle 1 a
79346 Endingen
Tel.: 07642/6155
Email: knabweingut@t-online.de
www.knabweingut.de

Rebfläche:	18 Hektar
Jahresproduktion:	130.000 Flaschen
Lagen:	Endinger Engelsberg
Boden:	Lösslehm, Vulkanverwitterung
Rebsorten:	33 % Rotwein (33 % Spätburgunder), 67 % Weißwein (33 % Weißburgunder, 25 % Grauburgunder, 4 % Chardonnay, 5 % Sonstige (Müller-Thurgau, Gewürztraminer, Auxerrois)
Durchschnittsertrag:	60 hl/ha
Beste Jahrgänge:	2007, 2009 bei den Rotweinen, 2008 bei den Weißweinen

Der Besucher des Weinguts Knab ist zunächst überrascht. Wissend, dass das Weingut Knab seit über 100 Jahren besteht, trifft er auf ein modern gestaltetes Ökonomiegebäude. Schon auf dem Weg ins Haus begleiten ihn Kunstwerke und Skulpturen. Im Haus begegnen ihm großformatige Bilder, die von der Hausherrin gemalt wurden. Es verbreitet sich eine angenehme, einladende Atmosphäre. Optisch geschickt angelegt ist der parkähnliche Garten mit Gabionen (Steinkörben) aus Vulkangestein, dem Untergrund der Rebberge. Auch der Weinkeller ist großräumig ausgelegt, Edelstahltanks und Reihen von Barriquefässern bilden eine produktive Symbiose.

Seit 1994 befindet sich das Weingut Knab im Besitz des Ehepaares Thomas und Regina Rinker. Es wurde 2006 komplett umgebaut und mit Begeisterung und Kunstverstand modernisiert. Das Prinzip der Nachhaltigkeit sowie ganzheitliches Denken und Handeln, das sich das Ehepaar auf die Fahnen geschrieben hat, zeigten sich nicht nur am Hausbau, sondern auch in den Rebbergen.

Diese Begeisterung für die Kunst lässt sich bei Rinkers auch auf die Weinproduktion übertragen.

Thomas Rinker ist ein „Selfmademan", der sich gemeinsam mit seiner Frau entschieden hat, 1994 das zum Verkauf stehende Weingut Knab zu übernehmen. „Es war ein großes Wagnis und die seitherige Imageentwicklung

deutscher Weine beim Weinkonsumenten ein glücklicher Umstand zugleich", betont Thomas Rinker. Große Teile des Weinguts sind arrondiert. Über 90 % seiner Rebflächen sind mit Burgunderweinstöcken bepflanzt. Nach Rinkers Verständnis ein Idealfall, denn die Burgunderreben passen einfach zu den fruchtbaren Lössböden der Lage Endinger Engelsberg. Rinker strebt nach herausragender und unverkennbarer Qualität.

Seine Markenzeichen sind daher die Burgundersorten in den weißen und roten Variationen. Naturnahe Rebpflege und differenzierte Handlese sind selbstverständlich, zeitgemäße Vinifizierung, temperaturgesteuerte Gärung der Weißweine in Edelstahlbehältern und der sensible Ausbau der roten Burgunderweine im Eichenholzfass formen eine authentische Qualität.

Thomas Rinker, geboren 1960, stammt aus einer Ihringer Landwirtsfamilie. Seine Frau Regina ist eine Tochter der Ihringer Winzerfamilie Stigler. Sie haben drei erwachsene Söhne, Peter, Johannes und Friedrich.

Nach Schulbesuch und Lehre wurde Thomas zum Weinbautechniker in Bad Kreuznach ausgebildet. Anschließend arbeitete er als Kellermeister in Müllheim, um dann vier Jahre als Geschäftsführer bei der Winzergenossenschaft Bahlingen seine betriebswirtschaftlichen und kaufmännischen Kenntnisse zu erweitern. Seine Frau studierte Malerei und unterrichtete Kunsterziehung.

Zur Verkostung standen selbstredend die Burgunderweine an. Zunächst der 2009 Weiße Burgunder Spätlese trocken, ein Wein mit intensiven, bemerkenswert ausgeprägten floralen Duftnoten. Ihm folgte der 2008 Grauer Burgunder Spätlese*** trocken, ein tiefgängiger großer Burgunder, belebend am Gaumen und mit einem leichten gut eingebundenen Eichenholztouch.

Danach wurden in der Verkostungsrunde zwei Spätburgunder in verschiedenen Qualitätsstufen getestet: erstens der 2008er Spätburgunder trocken im Barriquefass gereift, ein Wein mit samtigen Tanninen und mit Aromen von roten Waldfrüchten. Zweitens der 2007 Spätburgunder trocken Reserve, drei Sterne A IX ; er offenbart Duftnoten von dunklen Früchten und Kirschen, zeigt bei einer enormen Dichte eine vielschichtige, klare, leicht rauchige Struktur, ein absoluter Trinkgenuss! Für die Verkoster das Highlight der Runde!

Thomas und Regina Rinker sind „Überzeugungstäter“: Sie wollen und können Menschen für Wein und Kunst begeistern: „Kunstliebhaber und Weintrinker sind Genussmenschen.“ Deshalb ist ihr Motto mehr als verständlich: „Der beste Wein zum jeweiligen Anlass.“

Weingut Leopold Schätzle

Weinbusiness und Entertainment

Inhaber Leopold Schätzle
Wilhelmshöfe 1
79346 Endingen am Kaiserstuhl
Tel.: 07642-3361
Email: info@schaetzle-weingut.de
www.schaetzle-weingut.de

Rebfläche:	15 Hektar
Jahresproduktion:	130.000 Flaschen
Lagen:	Endinger Steingrube, Endinger Engelsberg, Oberbergener Bassgeige, Bombacher Sommerhalde, Kenzinger Hummelberg, Hecklinger Burg Lichteneck
Boden:	Vulkanerde-Basaltverwitterungsgestein, Lösslehm
Rebsorten:	43 % Rotwein (43 % Spätburgunder), 57 % Weißwein (14,5 % Riesling, 12,5 % Müller-Thurgau, 11 % Weißburgunder, 11 % Grauburgunder, 5 % Scheurebe , 3 % Muskateller)
Durchschnittsertrag:	70 hl/ha
Beste Jahrgänge:	2006, 2007, 2009 bei den Rotweinen

Für Leopold Schätzle sen. war das Jahr 2010 ein ganz besonderes Jahr: Er feierte seinen 70. Geburtstag und das Weingut Schätzle sein 40-jähriges Jubiläum. Über 600 Gäste feierten mit und nahmen an der Jubiläumsverkostung teil.

Schätzle wurde mit Ehrungen und Preisen überhäuft. Er erhielt höchste nationale und internationale Auszeichnungen, das Bundesverdienstkreuz (für seine Verdienste sowohl für die Weinwirtschaft als auch für seine Leistungen als Ausbilder und Prüfer), den DLG-Bundesehrenpreis 2006 und 2008, die Auszeichnung „Beste Collection Rotwein trocken" 2006, 2007 und 2009, die nur einmal jährlich bundesweit verliehen wird.

Der gelernte Kaufmann Leopold Schätzle kann zufrieden auf die Entwicklung seines Weingutes zurückblicken. Sie liest sich wie eine Erfolgsgeschichte. Dabei hat der aus einer kinderreichen Familie stammende, ge-

bürtige Oberbergener als Quereinsteiger ganz klein anfangen müssen. Gemeinsam mit seiner aus einer Endinger Winzerfamilie stammenden Frau Margarethe, geb. Neymeyer, die inzwischen leider verstorben ist, hat er mit weniger als einem Hektar Rebfläche im Jahre 1970 begonnen. Damals besaß er noch keine eigene Hofstelle. Diese hat er dann 1972 als Aussiedlerhof gebaut. „Die ersten Jahre waren sehr hart", bekennt Leopold Schätzle sen. heute. „Zum Glück konnte ich mich mit der Rebschule über Wasser halten." Mit Energie und Fleiß hat Schätzle alle Hürden gemeistert und die Grundlagen geschaffen für seinen jetzigen, allseits anerkannten Erfolg als Winzer- und Kellermeister.

Darüber hinaus galt das Weingut Schätzle als Ausbildungsbetrieb par excellance. Viele namhafte Winzer, wie Bernhard Huber aus Malterdingen, Reinhold Schneider aus Endingen, der jetzige Präsident des Badischen Weinbauvebandes Kilian Schneider, die aus Rheinhessen stammende, ehemalige Deutsche Weinkönigin von 1999/2000 Simone Renth-Queins, haben ihre Karriere im Weingut Schätzle begonnen. Über 100 Lehrlinge hat Leopold Schätzle in seinem Berufsleben geschult. Zurückblickend meint Schätzle: „Für die Lehrlinge war es sicher kein Zuckerschlecken, sich unter meiner Regie fügen zu müssen. Die Maßstäbe waren hoch gesetzt." Der anerkannte Winzer und Rotweinexperte Huber bekennt, erst in seiner Lehrzeit die Vorzüge und das Wissen über den Pinot noir von seinem Lehrmeister erfahren zu haben.
Der Ausbau des Rotweines ist eine der Spezialitäten des Weinguts Schätzle. Seine Spätburgunder reifen alle eine gewisse Zeit im Holzfass, entweder im großen oder im kleinen. Die Holzaromen bleiben aber geschmacklich dezent im Hintergrund.
Die Rotweine dominierten auch die Verkostungsrunde. Zunächst der 2008 Spätburgunder Rotwein Bombacher Sommerhalde trocken, ein fein ausbalanciertes, rundes, harmonisches Produkt.
Ihm folgte der 2009 Spätburgunder Rotwein Kenzinger Hummelberg Spätlese trocken; er zeigte eine zarte Toastung und feingewobene Tannine, wirkte vollmundig, weich und rund mit Aromen von Wald (Brom-)beeren.
Letztlich der 2009 Spätburgunder Rotwein Endinger Steingrube Spätlese

trocken mit einem wunderbaren Duft nach Kirschen und Erdbeeren; er offenbarte eine ausgeprägte zarte Gerbstoffnote, war extraktreich und füllig am Gaumen.
Auch zwei Weißweine wurden probiert: der 2009 Grauburgunder Oberbergener Bassgeige Kabinett trocken präsentierte sich temperamentvoll und extraktreich zugleich mit Aromen von exotischen Früchten. Der 2009 Riesling Endinger Steingrube Kabinett trocken zeigte sich rassig, spritzig mit angenehmer Säure und dezenten Pfirsichdüften.
Von den sechs Kindern Schätzles sind zwei geschäftsführend in dem Weingut tätig: Sohn Leopold jun. kümmert sich insbesondere um den Weinausbau, Tochter Cäcilia engagiert sich erfolgreich im Segment Kundenkontakte und Vermarktung.
Dies ist eigentlich auch eine Domäne des Seniors. Er versteht es wie kaum ein anderer, „Weinbusiness und Entertainment“ zu verbinden. Seine Kundschaft schätzt die humorvolle, mit Anekdoten gespickte Präsentation sehr. Seinem Wahlspruch ist Leopold Schätzle aber immer treu geblieben: ex amore et sole vinum – Wein entsteht aus Liebe und Sonne!

Eisweinlese

Weingut Reinhold und Cornelia Schneider

Beachtliche Spitzenqualitäten

Inhaber Reinhold und Cornelia Schneider
Königschaffhauser Str. 2
79346 Endingen
Tel.: 07642/5278
Email: weingutschneider.@aol.com
www.weingutschneider.com

Rebfläche:	6,8 Hektar
Jahresproduktion:	40.000 Flaschen
Lagen:	Endinger Engelsberg
Boden:	Löss, Lehm und Vulkanverwitterung
Rebsorten:	41 % Rotwein (41 % Spätburgunder), 59 % Weißwein (19 % Weißburgunder, 11 % Ruländer, 12 % Chardonnay, 9 % Auxerrois, 5 % Silvaner, 3 % Sauvignon Blanc, 4 % Sonstige)
Durchschnittsertrag:	48 hl/ha
Beste Jahrgänge:	2005, 2006, 2007, 2008 , 2009

Reinhold Schneider macht auf den Besucher einen ruhigen und gelassenen Eindruck.Unprätentiös und mit hohem Sachverstand erläutert er im Gespräch die Lagen seiner Weinberge und den Ausbau seiner Weine im Keller. Geduldig beantwortet er die Fragen des Besuchers, obwohl viel Arbeit im Keller auf ihn wartet. Winzerkollegen sagen, dass Reinhold Schneider morgens der Erste und abends der Letzte sein kann, der im Weinberg arbeitet. Schneider wirkt sehr authentisch und deshalb überzeugend; eine langjährige Berufserfahrung zeichnet den 58-Jährigen aus. Er arbeitet sehr sorgfältig und mit ausgeprägter Akribie. Vielleicht ist dies das Geheimnis seines Erfolges. Denn die Ergebnisse seiner Tätigkeit, die von ihm produzierten Weine, werden in den bekannten Weinführern ausnahmlos hoch gelobt und mit äußerst guten Noten beurteilt. Der Gault Millau beispielsweise adelt ihn mit vier Trauben und reiht ihn damit unter die besten zehn Winzer Südbadens ein.

Dennoch gibt sich Schneider bescheiden: „Meine Weine brauchen Zeit, um sich zu entwickeln und zu reifen. Ich lasse sie ruhen und gebe ihnen die Zeit.“ Bei der Vinifizierung verzichtet er auf großartige Technik. Das handverlesene Traubengut wird schonend gepreßt. Danach erfolgt eine gezügelte Vergärung (beim Spätburgunder Rotwein auf der Maische). Fast alle seine Gebinde ruhen und reifen im Holzfass. Seine Stammkundschaft, in erster Linie private Endverbraucher, schätzt und honoriert Schneiders Vorgehensweise, auch wenn die Jahrgänge erst ein oder zwei Jahre später in den Verkauf gelangen. Schneiders Weine bieten Spitzenqualität auf hohem Niveau: Sie sind durchgegoren, ohne Restsüße, mit grandioser Fruchtinsentität, und besitzen eine enorme Langlebigkeit. Diese bemerkenswerte Qualität ist natürlich nicht mit moderaten Alkoholgehalten zu erreichen.

Im Anbau befinden sich in der Hauptsache die Burgundersorten Ruländer, Weißer Burgunder, Chardonnay, Auxerrois und Spätburgunder. Außerdem werden die Sorten Sauvignon blanc und Silvaner kultiviert. Schneiders Weinberge werden konsequent naturnah bewirtschaftet.

Für Schneider ist die Auswahl der Reben sehr entscheidend. Nach langen Versuchen hat er die optimalen Rebsorten für seinen Standort gefunden.

Die Weine unterliegen einer eigenen Klassifizierung. A steht für Rotweine, die auf Lehm gewachen sind, C für Lössböden und R für Vulkanverwitterungsgestein. Seine besten Jahrgänge werden mit drei Sternen gezeichnet. Reinhold Schneider, Jahrgang 1952, kehrte nach seiner Ausbildung zum Winzermeister auf den elterlichen Hof, einem typischen Kaiserstühler landwirtschaftlichen Mischbetrieb, zurück. 1981 übernahm er, gemeinsan mit seiner Frau Cornelia den Hof und strukturierte ihn in ein Weingut um. Seine langfristig angesetzten Investionen zahlten sich schon bald aus. Cornelia und Reinhold Schneider konnten ihre Idealvorstellung von Weinbau verwirklichen. In ihrer Philosophie spürten sie „die Seele des Weines“ auf.
Inzwischen unterstützt eines der sechs Kinder, Alexander, die Eltern tatkräftig. Er absolvierte seine Lehre bei dem Weingut Friedrich Becker im pfälzischen Schweigen. Er hat ein ausgeprägtes Faible für Rebzüchtungen. Vater und Sohn ergänzen sich gut.
Der Verkostungsrunde wurde eine Palette erlesener Weine aus dem Hause Schneider vorgestellt. Zunächst der 2009 Ruländer Spätlese trocken, 14 %, er wirkte blumig und mild am Gaumen, ließ viel reife Frucht erkennen bei angenehmer jahrgangstypischer Säure.
In einem zweiten Durchgang wurden zwei Weißburgunder verglichen: Der 2009 Weißer Burgunder Spätlese trocken, 13,5 %, erschien den Verkostern ölig rund und weich im Geschmack, mit sehr guter Konzentration und feinen Duftnoten. Dagegen offenbarte der 2008 Weißer Burgunder Trio drei Sterne trocken, 13 %, eine frische Mineralität und beeindruckende Jugendlichkeit, die vor allem die weiblichen Teilnehmer der Runde begeisterte.
Abschließend kam der 2005 Spätburgunder Rotwein trocken drei Sterne, im Barrique gereift, 13 %, zum Zuge. Obwohl dieser Wein eine vielschichtige, kräftige, komplexe Sruktur aufweist, wirkt er sehr elegant, durchzogen von fein gewobenen Gerbstoffen mit einem lagentypischen Aromaprofil, ein qualitativ hochwertiger Wein, der nur schwer zu übertreffen ist.
Dem Weingut Schneider ist zu wünschen, dass es das beachtliche Niveau konservieren und jedes Jahr wieder aufs Neue bestätigen kann!

Ökologisches Wein- und Sektgut Helde

Traditions- und qualitätsverbunden

Inhaber Norbert Helde
Emil-Gött-Str. 1
79361 Sasbach-Jechtingen
Tel.: 07662/6116
Email: info@wein-helde.de
www.wein-helde.de

Rebfläche:	9 Hektar (plus 7 Hektar Obstwiesen)
Jahresproduktion:	70.000 Flaschen
Lagen:	Jechtinger Steingrube, Eichert, Hochberg
Boden:	Lössboden auf Vulkanverwitterungsgestein
Rebsorten:	40 % Rotwein (35 % Spätburgunder, 5 % Cabernet Carbon) , 60 % Weißwein , 20 % Grauburgunder, 15 % Weißburgunder, 25 % andere Weißweinsorten: Grüner Silvaner, Muskateller, Müller-Thurgau, Chardonnay)
Durchschnittsertrag:	70 hl/ha, bei Selektionsweinen: 20 - 50 hl/ha
Beste Jahrgänge:	2007, 2009

Gleich zu Beginn des Gespräches formuliert Norbert Helde seine Unternehmensphilosophie: „Ich produziere Weine für gehobene Ansprüche – traditionsreich, ökologisch, qualitätsorientiert." In seinen modernen Edelstahltanks reifen kleine, sortenreine, gebietstypische Gebinde zu kräftigen, filigranen und fruchtbetonten Weine heran. Diese Weine sind individuell, denn der Jahrgangscharakter ist jeweils erfahrbar und schmeckbar. Auch bei der anschließenden Betriebsbesichtigung gewinnt der Besucher den Eindruck, dass der Weingutsbesitzer alles gut strukturiert und organisiert hat. Helde ist der unumstrittene Chef des Weingutes. Umtriebig, konsequent und eloquent leitet und lenkt er seinen Betrieb mit mehreren Angestellten..
Die Wurzeln der Winzerfamilie Helde lassen sich bis zurück in die Zeit des Dreißigjährigen Kriegs verfolgen. Aber Norberts Großeltern Martin und Maria Helde läuteten nach dem Zweiten Weltkrieg eine neue Ära ein, als sie begannen, Weine in Flaschen abzufüllen. Seine Eltern Hermann und Gertrud Helde setzten diesen eingeschlagenen Weg der Spezialisierung auf Obst- und Weinanbau fort und entwickelten den Betrieb seit 1960 behutsam weiter.
Seit 1989 ist der 1967 geborene Sohn Norbert dabei. Nach der Beendigung der Fachschule für Weinbau in Freiburg komplettierte er seine Ausbildung an der Staatlichen Schule für Weinbau und Kellerwirtschaft in Weinsberg. Im elterlichen Betrieb setzte er sein neu erworbenes Wissen und seine Fähigkeiten sofort ein. Er stellte den Betrieb Schritt für Schritt auf den ökologischen Landbau um. 1991 trat er dem Bioland-Verband bei. Seit 1992 sind die Produkte des Helde-Hofs nach den biologisch-organischen Anbau-Richtlinien zertifiziert. In seinen Weinbergen praktiziert Helde die Doppelstockerziehung. Breite Rebzeilen garantieren eine bessere Durchlüftung und Sonneneinstrahlung. Bei der Schädlingsbekämpfung bevorzugt Norbert Helde eine Teespritzung aus Extrakten des siliziumhaltigen Schachtelhalms.

Im Jahr 2005 wurde der Betrieb offiziell an Norbert Helde überschrieben. Allerdings stehen die Eltern ihrem Sohn immer noch mit Rat und Tat zur Seite. Die Seniorchefin Gertrud fühlt sich nach wie vor für die vier Ferienwohnungen zuständig. Auch Heldes Frau Bernadette, die im Pflegedienstmanagement der Uniklinik Freiburg arbeitet, bringt sich in den Betrieb ein. Als Fachfrau für Kräuter- und Heilpflanzen hat sie sich dem Bereich Kräuter angenommen, produziert Winzer- und Kräutertee, hält Seminare und Wanderungen zu diesem Thema ab. Norbert Helde hat in den letzten Jahren viel in sein Weingut investiert, es wurde komplett saniert, ausgebaut und modernisiert.
Doch neben den Schwerpunkten Obst- und Weinanbau pflegt Helde ein ausgeprägtes Steckenpferd: die Herstellung von Edelbränden und Fruchtlikören. Aus diesem Hobby ist inzwischen eine Leidenschaft geworden, um nicht zu sagen eine Obsession. Norbert Helde hat die Lizenz zum Brennen erworben, hat sich vor zehn Jahren das Brennrecht gesichert, heute ist er bereits anerkannter Begutachter von Destillaten.
Konzentrieren wir uns auf die Weine von Norbert Helde. Bei der Verkostungsrunde kamen bei den Weißweinen der Grüne Silvaner und der Muskateller zum Zuge, Weine, die im Badischen nur in geringen Mengen vorhanden sind. Der 2008 Grüner Silvaner offerierte sich als leichter Sommerwein mit grünlich-gelben Farbtönen, fruchtig und spritzig. Der 2009 Muskateller Spätlese feinherb zeigte sich als säurearmer Wein mit natürlicher Fruchtsüße und mit Aromen, die an Muskat und Pfirsich erinnern. Bei den Roten probierten wir den Cabernet Carbon aus dem Jahrgang 2008, ein tiefdunkler, fülliger und säurearmer Weine mit Aromen von Schwarzer Johannisbeere und Paprika. Ins Auge sprang die Jubiläumsselektion 2009 Spätburgunder Rotwein Auslese trocken. Die Trauben stammen aus alten Rebstöcken am Jechtinger Eichert und sind handsortiert. Nachhaltig spürbar waren edle Fruchtaromen und feine Gerbstoffe. Ein Wein, der die Runde der Verkoster überzeugte und durchaus noch lagerfähig ist.
Norbert Helde hat in den letzten Jahren viel geleistet und ein hohes Niveau erreicht. Sein 2009 Weißburgunder trocken erzielte den ersten Platz bei der Bioweinprämierung 2010. Dazu kann man ihn nur beglückwünschen!

Jechtingen

Weingut Dr. Heger

Vorzügliche Weine

Inhaber und Betriebsleiter Joachim Heger
Außenbetrieb: Jürgen Kühnle
Kellermeister: Jürgen Jehle
Bachenstr. 19
79241 Ihringen
Tel.: 07668/205
Email: info@heger-weine.de
www.heger-weine.de

Rebfläche:	23 Hektar
Jahresproduktion:	120.000 Flaschen
Lagen:	Ihringer Winklerberg, Achkarrer Schlossberg
Boden:	Vulkangestein, dünne Lössauflage
Rebsorten:	32 % Rotwein (32 % Spätburgunder), 68 % Weißwein (27 % Grauburgunder, 15 % Weißburgunder, 10 % Riesling, 5 % Silvaner, 4 % Chardonnay, 7 % übrige Sorten)
Durchschnittsertrag:	40 hl/ha
Beste Jahrgänge:	2008, 2009, 2010

Das Weingut Dr. Heger blickt auf eine mehr als 75jährige Geschichte zurück. Sie beginnt 1935, als der Ihringer Landarzt Dr. Max Heger, der sich in seiner knapp bemessenen Freizeit als Hobbywinzer betätigte, das Weingut gründete. Nach und nach erwarb er Reben in sehr guten Lagen. Aus bescheidenen Anfängen heraus entwickelte er ein veritables Weingut. Im Jahr 1949 übertrug er die kellerwirtschaftliche Leitung seinem Sohn Wolfgang. Ihm, der „Mimus" genannt wurde, gelang es mit Beharrlichkeit und großem Können das Weingut Dr. Heger weiter zu entwickeln und in die Spitze der deutschen Weinerzeuger zu führen. 1992 gab Wolfgang Heger das Weingut in die Hände seines Sohnes Joachim und dessen Frau Silvia.

Joachim Heger, Jahrgang 1958, ist ein Ihringer Urgestein. Nach seinem Abitur in Breisach studierte er in Geisenheim und schloss seine Ausbildung zum Diplomingenieur für Weinbau und Oenologie ab. 1982 stieg er in den väterlichen Betrieb mit ein und war für den Weinausbau im Keller verantwortlich. Seit 1992 führt und leitet er die Geschicke des Ihringer Weinguts. Seine Frau Silvia, ebenfalls in Ihringen geboren und aufgewachsen, ist mit im Weingut tätig und unter anderem für kaufmännische Belange verantwortlich. Joachim Heger ist ein bekennender Genussmensch. Er liebt guten Wein und gutes Essen. Leidenschaftlich gern präsentiert er seine Weine bei großen Gesellschaften, bei Diners in renommierten Restaurants, mit großem Erfolg, denn das Weingut ist zwischenzeitlich auf eine respektable Größe angewachsen.

Das Weingut Dr. Heger ist das Stammhaus. Es produziert die Spitzenweine aus den „Grand Cru Lagen" des Ihringer Winklerbergs und des Achkarrer Schlossbergs. Hier entstehen die Premiumweine, die das Weingut berühmt gemacht haben. Elegante filigrane Weine mit klarer Frucht und spürbarer Mineralität, zugleich gut strukturiert und extraktreich. Das Weingut ist Gründungsmitglied des VdP Baden, seit 2009 ist Joachim Heger auch Vorsitzender des Regionalverbandes Baden.

Um die wachsende Nachfrage nach guten Weinen im Kabinett- und im Qualitätsweinbereich erfüllen zu können, gründeten die Hegers 1986 das „Weinhaus Joachim Heger". Vertragswinzer, die streng kontrolliert werden, liefern ihre Trauben an das Weingut. Diese werden vom qualifizierten Team des Weinguts Dr. Heger vinifiziert.

1997 ergab sich für Joachim und Silvia Heger die Gelegenheit, das Nimburg-Bottinger „Weingut Otto Fischer" zu übernehmen. Das Weingut wurde aus Altersgründen abgegeben, die Weinberge und der Keller waren gepflegt und in bestem Zustand – so dass Joachim und Silvia Heger das Fischer Weingut als eine ideale Ergänzung zu ihrem Weingut betrachteten.

Als im Jahr 2004 eine Nachfolge für das Breisacher Weingut Gebrüder Müller gesucht wurde, übernahm das Team vom Weingut Dr. Heger die Betreuung des Betriebes mit der exzellenten Einzellage Breisacher Eckartsberg sowie Parzellen am Ihringer Winklerberg. Hier wird ebenfalls durch

Handarbeit im Weinbau und sorgsame Vinifikation im Keller die Typizität der Lagen herausgearbeitet.
Das Weingut Dr. Heger verfügt über ein umfassendes Sortiment. Traditionell sind schwerpunktmäßig die Burgundersorten vertreten. Deshalb hat sich die Verkostungsrunde entschieden, andere Weine des Weinguts in Augenschein zu nehmen und dabei auch kleinere Gebinde vorzustellen.

Winklerberg, Felsrasen

Dazu gehörte der 2010 Ihringer Winklerberg Silvaner *** Spätlese trocken, ein finessenreicher Wein mit delikaten Aromen von grünem Apfel und reifen Birnen. Er wirkte feinfruchtig und belebend-frisch und wurde begleitet von einer milden Säure.
Zum Zweiten der 2008 Ihringer Winklerberg Viognier trocken, diese Traubensorte ist an der Rhone weit verbreitet, wird aber in Deutschland kaum angebaut. Er präsentierte zunächst einen intensiven Duft nach Mandeln und Akazienblüten, offenbarte am Gaumen neben zarten Aprikosenaromen einen reichen und eleganten Körper. Die Holznuancen verleihen ihm Tiefe und Kraft.
Ihm folgte der 2009 Ihringer Winklerberg Muskateller *** Spätlese trocken er stammt von den ältesten Muskatellerreben Badens (Pflanzjahr 1951). Der Wein wies vielschichtige Aromen auf, zeigte eine animierende Struktur mit einem expressiven Fruchtkörper, am Gaumen offenbarten sich feinwürzige Noten nach Zitronengras und Kardamon, im Abgang an Limettensaft erinnernd.
Den Abschluss bildete der 2007 Novis Rotwein-Cuvée trocken Barrique. Die Cuvée bestand aus den Sorten Cabernet Sauvignon, Merlot und Cabernet Franc. Er zeigte ein saftiges und dichtes Bukett nach dunklen Waldbeeren (Brombeeren, Cassis) und war begleitet von feinmineralischer Würze und einer leichten Zedernholznote im Nachgang.

Mit der Kollektion seiner exquisiten Weine präsentierte sich das Weingut Dr. Heger von seiner besten Seite. Es gehört nach wie vor zu den Toperzeugern Deutschlands, wie in den einschlägigen Publikationen nachzulesen ist.

Ihringen

Weingut Konstanzer

Die Vision vom eigenen Weingut

Inhaber Horst und Petra Konstanzer
Quellenstr. 22
79241 Ihringen
Tel.: 07668/5537
Email: info@weingut-konstanzer.de
www.weingut-konstanzer.de

Rebfläche:	9 Hektar
Jahresproduktion:	70.000 Flaschen
Lagen:	Ihringer Winklerberg und Fohrenberg
Boden:	Vulkanverwitterung, Löss
Rebsorten:	30% Rotwein (30 % Spätburgunder), 70 % Weißwein (40 % Grauburgunder, 15 % Weißburgunder, 15 % Sonstige: Silvaner, Riesling, Müller-Thurgau, Chardonnay, Muskateller)
Durchschnittsertrag:	60 hl/ha
Beste Jahrgänge:	2007, 2008, 2009

Ihringen

Die Gastgeberin Petra Konstanzer zählt sich zu den „Glücklichen“ unter den Menschen. Im Gespräch wird dies deutlich spürbar. Sie entfaltet eine Begeisterung, um nicht zu sagen eine Leidenschaft für den Wein, für seinen Ursprung und seinen Werdegang. Sie empfindet die tägliche Arbeit als Berufung. Sehr gern begleitet sie frühmorgens ihren Mann Horst, um in den Rebbergen zu arbeiten. Nebenbei genießt sie auch die Natur und die frische Luft. Sie schätzt die Vielfältigkeit ihrer Arbeit: Diese umfasst sowohl die Rebpflege als auch Vertrieb und Lieferservice. Sie agiert als Buchhalterin und Kauffrau, als Weinfachfrau und Gastgeberin und natürlich als Hausfrau und Mutter. Darüberhinaus engagiert sie sich bei „Vinissima“, einer Vereinigung für Frauen in Weinberufen.

Konkret in Berührung mit der Weinherstellung kam sie aber erst, nachdem sie ihren Mann Horst kennengelernt hatte. Dies war 1984. Die gelernte Zahnarzthelferin Petra ist zwar gebürtige Ihringerin, stammt aber nicht aus einer Winzerfamilie.

Bei Horst Konstanzer, Jahrgang 1958, sah dies anders aus. Schon seine Eltern und Großeltern lebten in der Quellenstraße, betrieben einen Kaiserstühler landwirtschaftlichen Mischbetrieb und verfügten auch über einige Ar Reben. In den siebziger Jahren wurde Horst beim Badischen Winzerkeller in Breisach zum Weinhandelsküfer ausgebildet. Im Anschluss daran

besuchte er die Fachschule für Wein- und Obstbautechnik in Weinsberg, um dann eine Anstellung als Kellermeister bei einem Endinger Weingut zu finden. 1983 startete er im Nebenerwerb mit dem Weinan- und -ausbau.

Petra und Horst träumten von einem eigenen Weingut, machten sich auf den Weg und an die Arbeit. Schritt für Schritt begannen sie, ihre Vision zu realisieren. 1989 war es dann soweit. Mit der Übernahme des elterlichen Hofes wagten sie den Schritt in die Eigenständigkeit, strukturierten um und modernisierten.

Dabei hatten sie auch das Glück des Tüchtigen. Als 1991 die Chardonnay-Traube in Deutschland zugelassen wurde, war das Weingut Konstanzer eines der ersten, das den Chardonnay-Wein präsentieren konnte. Denn Horst Konstanzer hatte in weiser Voraussicht bereits wenige Jahre zuvor einige Rebareale mit dieser Sorte bestockt.

Ihrem Grundsatz, trockene und durchgegorene Weine auszubauen, sind sie bis heute treu geblieben. Sie gehen dabei von dem Prinzip aus, dass alle von ihnen produzierten Weine zunächst einmal sie selbst überzeugen und begeistern müssen. Sie haben ihr eigenes Profil gefunden: Sie bauen individuelle und charaktervolle Weine aus, Weine mit einem großen Reifepotential. Dies konnte die Verkostungsrunde bestätigen.

Der 2009 Silvaner Ihringer Winklerberg Spätlese trocken, lag prickelnd auf der Zunge mit zugleich intensiv-würziger Frucht und einem Duft nach Aprikosen und Mirabelle.

Der 2008 Chardonnay Ihringer Winklerberg Spätlese trocken, im Barrique gereift, zeigte sich samtig und vollmundig mit Aromen von Pfirsich und Nektarinen.

Der 2008 Spätburgunder präsentierte sich gut entwickelt mit viel Struktur und Kraft. Fein gewobene Tannine lassen den Wein elegant, weich und rund erscheinen mit einem erkennbaren Duft nach schwarzer Kirsche und Röstaromen. Er ist mit Sicherheit noch einige Jahre lagerfähig.

Noch eine Besonderheit hat das Weingut Konstanzer zu bieten: Sie stellen einen Arbst her. Dies ist ein Spätburgunder, der weiß gekeltert wird. Leider konnte der Wein vom Besucher nicht verkostet werden, da er, wie Petra Konstanzer betont, immer sehr schnell ausverkauft sei.

Das Weingut Kontanzer sucht eigene Wege der Vermarktung. In Ihringen selbst, bei 16 Selbstvermarktern, ist die Konkurrenz sehr groß. Ihre Stammkunden sind deutschlandweit vertreten. Inzwischen haben sich Zugänge

zum Schweizer Markt eröffnet. Auszeichnungen und Preise erhöhen das Renommee.
Als Fazit lässt sich feststellen, dass es Horst und Petra Konstanzer mit viel Fleiß und Können geschafft haben, ihren eingangs erwähnten Traum zu verwirklichen.

Ökologisches Weingut Lay

Ganzheitlicher, umwelt-orientierter Weinbau

Inhaber Hubert Lay
Scherkhofenstr. 52
79241 Ihringen
Tel.: 07668/1870
Email: hubert.lay@t-online.de
www.weingut-hubert-lay.de

Rebfläche:	4,5 Hektar
Jahresproduktion:	20.000 Flaschen
Lagen:	Ihringer Winklerberg, Ihringer Fohrenberg
Boden:	Vulkangestein mit teilweiser Lößauflage
Rebsorten:	60 % Rotwein (55 % Spätburgunder, 5 % Regent,), 40 % Weißwein (12 % Silvaner, 10 % Riesling, 8 % Grauburgunder, 8 % Weißburgunder, 2 % Müller-Thurgau und Gewürztraminer)
Durchschnittsertrag:	60 hl/ha, 30 - 35hl/ha bei den Selektionsweinen
Beste Jahrgänge:	2003, 2007, 2009

Im Jahr 1987 hatte Hubert Lay den Winzerhof seiner Eltern Adolf und Johanne Lay übernommen. Er besuchte eine Fortbildungsreihe für Winzer, die in Achkarren stattfand. Dort referierte der Laufener Winzer Wendelin Brugger über Ökologie im Weinbau. Brugger war der erste Winzer in Südbaden, der seinen Betrieb auf ökologische Bewirtschaftung umstellte. Er berichtete über seine Erfahrungen. Dabei konnte Brugger nicht nur Hubert Lay überzeugen. Lay, der bislang konventionell arbeitete, war von Bruggers Ideen begeistert und besorgte sich weitere Informationen. 1990 stellte er seinen kleinen Betrieb um und arbeitete fortan nach den strengen Kriterien des ECOVIN-Verbandes, dem er noch heute angehört. Wendelin Brugger hat demnach einen entscheidenden Impuls für Lays weitere Weinbauentwicklung gegeben.

Für den Winzermeister Lay bedeutet der ökologische Weinbau ein ganzheitliches, umweltorientiertes Anbausystem. Sein Ziel ist es, ein stabiles Ökosystem im Weinberg zu erreichen. Deshalb verzichtet er auf chemisch-synthetische Dünge-, Pflanzenschutz- und Unkrautbekämpfungsmittel. Vielfältige Einsaaten beleben, düngen und stabilisieren den Boden. Um die Rebpflanzen vor Krankheiten zu schützen, wird vorbeugend ein schützender Belag aufgebracht. Nur die gesunden, vollreifen Trauben werden handverlesen für die Vinifikation verwendet.

Lay bekennt heute, dass die Umstellung von der konventionellen auf die ökologische Bewirtschaftung ein schwieriger Prozess war. Seine Frau Gisela, die aus Opfingen stammt, stimmt ihm zu: „Die Umstrukturierung dauerte annähernd 10 Jahre, ehe sie von Erfolg gekrönt war." Das Ehepaar betreibt den Winzerhof gemeinsam, eigenständig und allein. 1997 wurde der Betrieb grundlegend saniert und modernisiert. Seit den ersten Jahren des neuen Jahrhunderts schreiben die Lays wieder positive Bilanzen, der Betrieb hat sich konsolidiert und erzielt Gewinn. Von ihrer Maxime, naturreine und bekömmliche Weine zu produzieren, sind sie nicht abgerückt. Die Abnehmer sind in erster Linie private Endverbraucher. Die Stammkundschaft honoriert Lays konsequentes Vorgehen zunehmend.

Hubert Lay wurde 1954 geboren und ist in Ihringen aufgewachsen. Da die Lays bereits seit drei Generationen Weinbau betrieben – genauer gesagt einen landwirtschaftlichen Mischbetrieb besaßen mit einem Schwerpunkt Weinbau – war es naheliegend, dass der einzige Sohn Hubert nach Schulabschluss eine Winzerlehre durchlief, anschließend in Freiburg die Fachschule für Weinbau besuchte und 1977 seinen Abschluss als

Winzermeister errang. Danach arbeitete er auf dem elterlichen Hof. Sein Vater hatte bereits begonnen, Wein in Literflaschen abzufüllen, und sich gewissermaßen auf den Weinbau spezialisiert. Die Viehwirtschaft wurde beendet, der Obstanbau (Kirschen und Äpfel) aber beibehalten. Hubert Lay nutzt diese Produkte heute für das Brennen von Destillaten.
Das Ehepaar Lay hat zwei Söhne: Christian und Matthias. Christian hat sich entschlossen, in die Fußstapfen des Vaters zu treten. Nach seiner Winzerlehre beim Weingut Johner in Bischoffingen und beim Weingut Stadt Lahr absolvierte er die Technikerschule für Weinbau und Oenologie in Weinsberg. Zur Zeit arbeitet er auf dem Weingut Martin Waßmer in Schlatt und sammelt wichtige praktische Erfahrungen. Er stünde als potentieller Nachfolger bereit.

Doch noch ist Hubert Lay in seinem Element. Schließlich kann er auf eine 40jährige Berufserfahrung zurückblicken. Noch immer reizt ihn das Faszinosum Wein. Jedes Jahr möchte er einen noch besseren Jahrgang als den letztjährigen herstellen.
Davon konnte sich der Autor bei einer Weinverkostung überzeugen, ausgewählt wurden der 2009 Silvaner Spätlese trocken, der 2009 Gewürztraminer Spätlese halbtrocken und der 2009 Grauburgunder Auslese SL (Selection Lay): Alle Weine überzeugten durch eine dichte, komplexe Struktur. Trotz der gehaltvollen Fülle präsentierten sie sich weich und rund im Geschmack und lagen angenehm am Gaumen.
Ein großes Augenmerk legt Hubert Lay auf seine Spätburgunder Rotweine. Sein Meisterstück ist der 2009 Spätburgunder Rotwein Spätlese trocken SL: Dieser füllige Wein offenbart eine gute Struktur von Tanninen und Alkoholvolumen, zeigt die für Spätburgunder typischen leicht rauchigen

Akzente, ist aber überraschend lang und samtig im Abgang. Dieser Wein ist absolut lagerfähig und wird seine optimale Reifung erst in einigen Jahren entfalten.
Schon seine Jahrgangsvorgänger zeigten eine große Klasse, so der 2007 Spätburgunder Rotwein SL: Dieser ist trocken ausgebaut, mit deutlich wahrnehmbaren Aromen von Waldfrüchten und mit Nuancen von Schokolade, ein wirklicher Trinkgenuss für Freunde des Rotweins!

Hubert Lay geht noch einen Schritt weiter. Entsprechend seiner ökologiebewussten Ausrichtung kreiert er schwefelfreie und unfiltrierte Weine, im positiven Sinne reine naturbelassene Produkte. Es ist spannend zu verfolgen, ob sich diese Weine auf dem Markt durchsetzen und ein Trendsetter werden.

Ökologischer Weinbau aus Überzeugung

Inhaber Helga und Reinhold Pix
Eisenbahnstr. 19
79241 Ihringen
Tel.: 07668/879
Email: info@weingut-pix.de
www.weingut-pix.de

Rebfläche:	6 Hektar
Jahresproduktion:	30.000 Flaschen
Lagen:	Ihringer Winklerberg und Fohrenberg, Achkarrer Castellberg
Boden:	Vulkanverwitterung, Löss
Rebsorten:	32 % Rotwein (25 % Spätburgunder, 7 % Lemberger), 68 % Weißwein (21 % Grauburgunder, 21 % Silvaner, 7 % Weißburgunder, 7 % Gewürztraminer, 6 % Müller-Thurgau, 6 % Chardonnay)
Durchschnittsertrag:	40 hl/ha
Beste Jahrgänge:	2007, 2008, 2009

Im Jahr 1984 kauften Helga und Reinhold Pix einen landwirtschaftlichen Mischbetrieb in der Eisenbahnstraße in Ihringen. Von der ökologischen Wirtschaftsweise überzeugt, begannen beide auf Basis der Selbstversorgung Agrarwirtschaft zu betreiben. Neben dem Schwerpunkt Viehzucht (Kühe, Schafe, Ziegen) gehörten auch einige Ar Rebstöcke zum Hof. 2004 erfolgte die Umstrukturierung zu einem reinen Winzerhof.

Das Ehepaar Pix ist davon überzeugt, dass nur ein alternativer und naturschonender Weinbau große Weinqualitäten hervorbringen kann. Darum bewirtschaftet es den Betrieb nach Bioland-Richtlinien. „Bio ist für uns keine Weltanschauung, sondern ein Qualitätskonzept, um absolute Spitzenweine zu kreieren," sagt Helga Pix. „Unsere Devise lautet, einen individuellen Wein herzustellen, der – frei von giftigen Rückständen – durch natürliche Aromen und viel Frucht überzeugt." Dazu sind eine Vielzahl differenzierter und aufeinander abgestimmter Arbeitsschritte nötig. Beim Bioweinbau kommt es darauf an, das Bodenleben durch Gründüngung und Kompost mit einem reichlichen Angebot an natürlichen Nährstoffen zu unterstützen. Neben der gezielten Pflanzenpflege zur Stärkung der Rebe steht die Förderung von Nützlingen im Kampf gegen die Schädlinge im Mittelpunkt. Das hohe Risiko der Biowinzer wird durch gesunde und außergewöhnliche Weine belohnt. Während Reinhold maßgeblich den Ausbau der Weine im Keller bestimmt, trägt Helga Pix die Verantwortung für die Weinberge und für alle anfallenden Arbeiten im Weingut.

Reinhold Pix, 1955 in Stuttgart geboren, studierte Forstwissenschaften an der Universität in Freiburg und lebte in Ihringen. Hier begegnete er auch seiner späteren Frau Helga Jakob, die aus einer Kaiserstühler Winzerfamilie stammt. Sie erkannten gemeinsame Ideale und versuchten sie zu verwirklichen. Im Bioweinbau fanden sie ihre Bestimmung. Pix selbst bezeichnet sich als Autodidakt im Weinbau.

Reinhold Pix engagierte sich auch politisch. Jahrzehntelang war er als Gemeinderat in Ihringen tätig. Seit 2006 sitzt er für die Partei Die Grünen im Stuttgarter Landtag. Natürlich wird es zeitlich immer schwieriger, berufliche Neigungen und politische Arbeit unter einen Hut zu bringen. Deswegen ist die Familie Pix, die vier Kinder hat, sehr froh, dass der Sohn Hannes gewillt ist, in die Fußstapfen des Vaters zu treten. Nach seinem Abitur absolvierte er verschiedene Praktika im Kaiserstuhl und in der Ortenau. Im Moment studiert er in Geisenheim Weinbau und unterstützt währenddessen bereits den elterlichen Betrieb.

Reinhold und Helga Pix präsentieren ihre Produkte in zwei klar definierten Linien: Die Auswahl Pix steht für das Basissortiment, die Spitzenauswahl Pix für ausgesuchte, selektionierte Qualitäten, d.h. für Weine mit hoher Intensität.

Zur Verkostung wurden Weine des Jahrgangs 2009 ausgewählt. Alle getesteten Weine waren trocken und komplett durchgegoren; die gute Qualität ist mit moderaten Alkoholvolumen nicht zu erreichen.

Der 2009 Grüner Silvaner trocken, 13 %, zeigte eine feine Würze, Aromen von Apfel und Banane, wirkte reintönig, frisch und saftig.

Die Trauben des 2009 Gewürztraminer Spätlese trocken, 14,5 %, wurden in aufwändiger Handarbeit gelesen. Der Wein offenbarte Aromen von Rosenblüten und Stachelbeeren und viel füllige und reife Frucht.

Der 2009 Grauer Burgunder Spätlese trocken, 15 %, ist eine Meisterleistung des Weinguts. Trotz des beachtlichen Alkoholvolumens wies er eine gute Struktur auf, belebte geschmacklich Zunge und Gaumen, duftete nach Honig und Feigen, wirkte insgesamt sehr ausbalanciert – ein herrlich eindringliches Trinkvergnügen!

Den Abschluss bildete der 2007 Spätburgunder trocken, 12,5 %, ein Rotwein, der 18 Monate im Barriquefass gereift ist, ein Wein mit Kraft und Struktur, mit Aromen von dunklen Kirschen und fein-herben Früchten, mit einer für Spätburgunder typischen leicht rauchigen Note.

Seit mehr als einem Viertel Jahrhundert produziert das kleine Weingut Pix ökologischen Wein mit bemerkenswertem Niveau. Es ist zu wünschen, dass der Erfolg weiterhin anhält!

Vorreiterrolle und Vorbildfunktion

Inhaber Land Baden-Württemberg
Institutsleiter: Dr. Rolf Steiner
Betriebsleiter: Bernhard Huber
Gutsbetrieb Blankenhornsberg
79241 Ihringen
Tel.: 07668/99150

Weinbauinstitut
Merzhauser Straße 119
79100 Freiburg
Tel.: 0761/4016544
Email: staatsweingut@wbi.bwl.de
www.wbi.bwl.de

Rebfläche:	24 Hektar Gutsbetrieb Blankenhornsberg (Staatsweingut: insgesamt 37,1 ha)
Jahresproduktion:	130.000 Flaschen (200.000 Fl. Staatsweingut insg.)
Lagen:	Blankenhornsberger Doktorgarten (Alleinbesitz)
Boden:	Vulkanverwitterung mit teilweiser Lössauflage
Rebsorten:	31 % Rotwein (27 % Spätburgunder, 2 % Cabernet Carbon, 2 % Sonstige: Piwis und Versuchsanbau), 69 % Weißwein (15 % Grauburgunder, 15 % Weißburgunder, 13 % Riesling, 5 % Müller-Thurgau, 21 % Sonstige: Bacchus, Chardonnay, Kerner, Gewürztraminer, Muskateller, Scheurebe, Silvaner, Piwis und Versuchsanbau)
Durchschnittsertrag:	45 hl/ha
Beste Jahrgänge:	2008, 2009, 2010

Auf dem Südwestzipfel des Kaiserstuhls, noch zur Gemarkung Ihringen gehörend, liegt das Versuch- und Lehrweingut Blankenhornsberg, das zum Staatsweingut Freiburg gehört. Es ist umgeben von Weinbergen, die alle zur Einzellage Blankenhornsberger Doktorgarten zählen. Das Weingut wurde in den Jahren 1842 -1844 von den Gebrüdern Blankenhorn gegründet. Der 1847 erbaute Keller mit historischem Gewölbe dient noch heute als Holzfasslager. Hier ruhen und reifen immer noch die großen Gewächse des Weinguts. Der Name der Einzellage ist in Verbindung zu bringen mit Prof. Dr. Adolph Blankenhorn (1843- 1906). Er war seit 1874 der erste Präsident des Deutschen Weinbauvereins und hatte als Naturwissenschaftler und Oenologe im 19. Jahrhundert bahnbrechende Forschungen zur Weinbauentwicklung betrieben. Insbesondere sind seine Experimente über die Biologie der Reblaus und deren Bekämpfung durch resistente Amerikaner-Reben hervorzuheben. Blankenhorn stand überdies in freundschaftlicher Beziehung zu dem badischen Revolutionär Friedrich Hecker.

Die Familie Blankenhorn verkaufte das Weingut 1919 an die Badische Landwirtschaftskammer. 1936 wurde es von den Nationalsozialisten verstaatlicht. 1954 ging das Anwesen in den Besitz des Landes Baden-Württemberg über. Es wurde als Versuch- und Lehrgut dem Staatlichen Weinbauinstitut Freiburg (WBI) angegliedert.

Das Staatsweingut dient den Wissenschaftlern des WBI als Versuchsgut. Ihr Ziel ist es, durch Forschung und Entwicklung die Wettbewerbsfähigkeit der heimischen Weinwirtschaft weiter zu stärken und die Zukunft des Weinbaus mitzugestalten. Es zählt zu den größten Lehr- und Ausbildungsbetrieben des Landes für die Berufsbilder Winzer und Weinküfer.

Dr. Rolf Steiner

„Seit 1997 werden die Erzeugung und Vermarktung im Staatsweingut zusammengefasst," erklärt der Institutsleiter Dr. Rolf Steiner. Dieses Weingut ist für eine Fläche von mehr als 37 Hektar zuständig, die sich auf verschiedene Standorte in Südbaden verteilt; die größte arrondierte Fläche ist der Blankenhornsberg.

Verantwortlich für die Lage „Blankenhornsberg" zeichnet Bernhard Huber. Er wurde 1957 in Freiburg geboren, studierte Agrarwirtschaft an der Gesamthochschule Kassel mit Schwerpunkt Pflanzliche Produktion. Nach dem Abschluss wurde er 1986 beim Landwirtschaftsamt in

Bernhard Huber

Müllheim angestellt und war im Bereich Pflanzenschutz im Acker-, Obst- und Gemüsebau tätig. 1992 wurde er an das Weinbauinstitut nach Freiburg versetzt und war in der Abteilung Biologie für das Freilandversuchswesen verantwortlich. Huber reifte zu einem Weinbaufachmann heran. Für ihn wachsen die Qualitäten im Weinberg. Hier bringt er sein Expertenwissen ein.
Das Staatsweingut ist Mitglied im VDP und im ECOVIN, d.h., es unterliegt den strengen Kriterien beider Verbände. Die Zertifikate erhält nur, wer über beste Lagen verfügt und im Einklang mit der Natur produziert Auch in dieser Hinsicht erfüllt das Staatsweingut seine Vorreiterrolle und Vorbildfunktion. Es erzeugt in erster Linie Spitzenweine, die sich weltweit vergleichen und messen lassen können.
Zur Verkostung gelangten drei Große Gewächse aus der Burgunderfamilie. Zunächst der 2008 Blankenhornsberger Doktorgarten Spätburgunder Rotwein GG, im Barrique gereift, mit ganz dezenter Holznote, fruchtiger Substanz, guter Tanninstruktur und einem langen geschmeidigen Finale. Ihm folgte der 2008 Blankenhornsberger Doktorgarten Grauburgunder GG. Er präsentierte einen saftigen vollen Körper mit reifen, würzigen Früchten und einem weichen, angenehmen Abgang. Den krönenden Abschluss bildete der 2008 Blankenhornsberger Doktorgarten Weißburgunder GG, ein fruchtbetonter, reintöniger Wein mit leichten Aromen von Grapefruit, ein Wein von brillanter Eleganz.
Das Staatsweingut schafft immer wieder den Spagat zwischen Innovation und Tradition. Unter der umsichtigen Führung seines Betriebsleiters Bernhard Huber werden hohe Qualitätsmaßstäbe angelegt und eingehalten. Daher ist es nicht verwunderlich, dass das Weingut mit seinen herausragenden Weinen in der Spitzengruppe der badischen Weinerzeuger zu finden ist.

Ihringen

Weingut Stigler

Partnerschaftliche Verbindung zwischen Weingut und Gastronomie

Inhaber Andreas Stigler
Bachenstr. 29
79241 Ihringen
Tel.: 07668 297
Email: info@weingut-stigler.de
www.weingut-stigler.de

Rebfläche:	11 Hektar
Jahresproduktion:	75.000 Flaschen
Lagen:	Ihringer Winklerberg, Freiburger Schlossberg, Oberrotweiler Eichberg
Boden:	Vulkan- und Gneisverwitterungsgestein
Rebsorten:	36 % Rotwein (36 % Spätburgunder), 64 % Weißwein (24 % Riesling, 11 % Weißburgunder, 10 % Grauburgunder, 9 % Silvaner, 5 % Traminer, 5 % Sonstige)
Durchschnittsertrag:	45 hl/ha
Beste Jahrgänge:	2007, 2008, 2009

Im Weingut Stigler wird die Pflege zur Gastronomie großgeschrieben. Dies hat bereits eine lange Tradition. Schon der Urgroßvater hatte als Pächter der Freiburger Bahnhofsgaststätte ein ideales Umfeld, um seine erzeugten Weine zu verkaufen. Der Bahnhof und die Wohnung wurden jedoch im Krieg total zerstört, so dass Rudolf Stigler neue Wege der Weinvermarktung suchen musste. Er fand sie über einen Freund im renommierten Gasthof Erbprinzen in Ettlingen, wo Starköche und Gastronomen sowie prominente Gäste die Weine aus dem Hause Stigler goutierten und den Bekanntheitsgrad und Konsum steigerten. Die jetzigen Inhaber des Weinguts, Andreas und Regina Stigler, halten diese Form der Vermarktung aufrecht. Mit großen Ambitionen bieten sie als ideale Verbindung von Weingut und Gastronomie ihre kulinarischen Weinmenüs in partnerschaftlicher Verbindung mit Spitzenköchen in deren Restaurants an.

Die Hälfte der Gesamtproduktion wird über die Gastronomie abgesetzt, 10 Prozent laufen über den Fachhandel und 40 Prozent gehen an private Endverbraucher. Dies bedingt viele Termine im Jahr, Stiglers sind sehr oft auf Geschäftsreisen. Aber es gefällt ihnen, Weinbusiness, Genuss und Entertainment miteinander zu verbinden.

Andreas Stigler wurde 1957 geboren und im Badischen Winzerkeller in Breisach zum Weinküfer ausgebildet. Seine Ausbildung komplementierte er in Weinsberg, wo er die Prüfung zum Wein- und Obstbautechniker ablegte.

Seit 1980 arbeitete er wieder im elterlichen Betrieb in Ihringen, der ihm 1991 übergeben wurde.

Seit 1881 betreiben die Stiglers Weinbau, nunmehr in vierter Generation. Maximilian, der ältere der beiden Söhne der Familie, beendet gerade seine Ausbildung zum Bankkaufmann und beabsichtigt, das

Studium zum Diplomoenologen aufzunehmen.
Das Weingut Stigler ist 1986 in den Verband deutscher Prädikatsweingüter (VDP) aufgenommen worden. Weinqualität beginnt für sie im Weinberg. Deshalb liegt der Schwerpunkt der Arbeit in der intensiven, sorgsamen Pflege der Weinberge bis hin zur selektiven Lese. Ein schonender Kellerausbau bringt Weine mit großem Reifungspotential hervor, denn Weine mit Charakter, Ursprünglichkeit und Lust aufs nächste Glas sind die Leidenschaft der Stiglers.
Der Weinanbau verteilt sich auf vier Lagen. Die Hauptsorte bildet der Spätburgunder, gefolgt von Riesling. Es ist durchaus eine Besonderheit des Kaiserstühler Weinguts, das 1,5 Hektar Riesling-Rebstöcke mit Klonen aus dem Rheingau und aus dem Moselgebiet angepflanzt hat.
Deshalb durfte ein Riesling in der Verkostungsrunde nicht fehlen. Ausgesucht wurde der 2008 Ihringer Winklerberg Riesling Kabinett trocken, ein sehr fruchtiger, gehaltvoller Wein mit einem Hauch von Bitterfrucht (Pampelmuse) und interessant-spritzigem Säurespiel.
Auch die Weißweine werden im Holzfass ausgebaut. So der für den Kaiserstuhl klassische 2009 Ihringer Winklerberg Silvaner Spätlese trocken F 66; ein konzentrierter würziger Wein mit Aromen von weichen, reifen Früchten, der im Geschmack angenehm die Zunge umschmeichelt.
Im Bereich der Rotweine hat Andreas Stigler seine eigene Stilistik erarbeitet. Seine klassischen Spätburgunder offenbaren sich mit wenig Tanninen, wirken weich, rund, zart und reif. Als Beispiel dafür steht der 2007 Ihringer Winklerberg Spätburgunder trocken „Backöfele", ein eleganter und fülliger Roter mit einem Duft nach Brombeeren und dezenter Holznote. Die Lage Winklerberg Backöfele liegt ganz im Süden des Kaiserstuhls und gilt als der heißeste Standort in Ihringen. Eine weitere Grand Cru Lage des Weinguts befindet sich am Freiburger Schloßberg. Hier gedeihen die Trauben des Spätburgunders, der mehr als zwei Jahre im Holzfass ruht und reift und sich dann als „Großes Gewächs (RS)" präsentiert.

Ihringen

Das Weingut Stigler verkörpert mit seinen erlesenen Weinerzeugnissen eine große Portion „Ihringer Idealismus“ und ein gehöriges Stück Kaiserstühler Weinkultur!

Weingut Franz Keller Schwarzer Adler

Wein als perfekter Essensbegleiter

Inhaber
Fritz Keller
Badbergstr. 23
79235 Vogtsburg-Oberbergen
Tel.: 7662/93300
Email: keller@franz-keller.de
www.franz-keller.de

Rebfläche:	55 Hektar
Jahresproduktion:	360.000 Flaschen
Lagen:	Oberbergener Bassgeige und Pulverbuck, Achkarrer Schlossberg
Boden:	Löss, Vulkanverwitterung
Rebsorten:	35 % Rotwein (31 % Spätburgunder, 4 % Merlot, Sauvignon), 65 % Weißwein (33 % Grauburgunder, 16 % Weißburgunder, 16 % Sonstige: Chardonnay, Gewürztraminer, Sauvignon Blanc)
Durchschnittsertrag:	54 hl/ha
Beste Jahrgänge:	2007, 2008, 2009

Das tradtionsreiche Weingut Franz Keller ist ursprünglich aus dem Kaiserstühler Gasthaus „Schwarzer Adler" in Oberbergen entstanden. Im Laufe der Generationen sind zwei wichtige Standbeine hinzugekommen: der Importweinhandel, insbesondere mit klassischen, langlebigen Weinen aus dem Bordeaux und dem Burgund, und die Gastronomie, d.h. das Hotel und das Gourmetrestaurant „Schwarzer Adler", das seit 1969 ununterbrochen einen Michelin-Stern trägt, und das badische Lokal „Winzerhaus Rebstock" mit typischen Gerichten aus der Region.

In dritter Generation führt Fritz Walter Keller das Unternehmen. Bereits 1990 übergab Franz Keller den Staffelstab des Weinguts an seinen Sohn Fritz weiter. Er führt die innovativen Wege, die sein Vater vorgegeben hat, konsequent weiter. Familienphilosophie bedeutet für Fritz Keller: Weine sollen ideale Speisenbegleiter sein. Sie dürfen diese nicht dominieren, sondern müssen mit ihnen harmonieren, um das Erlebnis höchsten Genusses zu erreichen.

Fritz Keller gilt in der Branche als einer der renommiertesten und innovativsten deutschen Winzer. Er wurde 1957 geboren und durchlief die Ausbildung zum Winzer, Küfer- und Kellermeister. Er ist verheiratet mit Bettina Keller und hat drei Söhne.

Fritz Keller ist Weinliebhaber, seine mit viel Geduld und im klassischen Stil ausgebauten Weine werden regelmäßig bei nationalen und internationalen Anstellungen prämiert. Seine Vorliebe für aus Frankreich importierte Weine hat er von seinem Vater Franz geerbt. Für die Lagerung der kostbaren Weine wurden drei bis zu 112m Meter lange Tunnel in den Kaiserstühler Löss gegraben. Die miteinander verbundenen Bergkeller bieten optimale Bedingungen für die Reifung der edlen Gewächse. Bis an die Decke gestapelt lagern hier Originalholzkisten, gefüllt mit Tausenden von Weinflaschen.

Bei aller Umtriebigkeit und Geschäftigkeit hat sich Fritz Keller seine kreativen Fähigkeiten bewahrt. Seit 2007 verwirklicht er ein einmaliges Pilotprojekt im deutschen Lebensmitteleinzelhandel. Mit der „Edition Fritz Keller" produziert er qualitativ hochwertige Weiß- und Rotweine zu Discounterpreisen. Jedes Jahr erzeugt er Weine mit Charakter, die sich vom Massenwein mit Einheitsgeschmack positiv absetzen. Die Weinerzeuger stammen aus allen badischen Landesteilen. Sie müssen die hohen Qualitätsanforderungen von Fritz Keller erfüllen: ausgesuchte Lagen, privilegiertes Pflanzmaterial, alte Rebstöcke, Ertragsreduzierung und Handlese sind wesentliche Kriterien. Das Projekt ist gewaltig. Fritz Keller bezeichnet es als Solidaritätsprojekt, bei dem sich inzwischen mehr als 450 Winzer und Winzergenossenschaften beteiligen.

Die Verkostungsrunde hätte am liebsten alle Weine des Weinguts Franz Keller vorgestellt, musste sich jedoch auf eine Auswahl beschränken. Sie entschied sich für eine Vergleichsprobe dreier Grauburgunder sowie einen Spätburgunder „vum Kähner", einer Parzelle der Lage Oberbergener Bassgeige.

Der 2009 Oberbergener Bassgeige Grauburgunder zeigte sich fruchtig, frisch, leicht säurebetont und prickelnd auf der Zunge. Der 2009 Oberbergener Bassgeige Grauburgunder Spätlese präsentierte dagegen fruchtige Aromen von gelben, reifen Früchten, am Gaumen eine rauchige Note und einen wunderbar langen Nachgang. Der 2008 Grauburgunder Selektion A spiegelte sich goldgelbfarben im Glas, offenbarte einen hochkonzentrierten Fruchtkörper, wirkte auf der Zunge samtig mit einem feinwürzigen Finish und einem langen, kraftvollen Nachhall. Der 2009 Oberbergener Bassgeige Spätburgunder Auslese „vum Kähner" wirkte vollmundig und gehaltvoll mit einem weichen, seidigen Tanninkleid und einer raffinierten Kopfnote feinsten Holzes mit vielschichtigen Gewürzen und Spuren von Vanille, ein exquisites Trinkerlebnis.

Fritz Keller beschäftigt sich derzeit mit Zukunftsvisionen. Er plant den Neubau des Weinguts Franz Keller im Riedental bei Oberbergen. Der Neubau macht sich die besondere Topografie des Kaiserstuhls zu eigen. Das terrassenartige Gebäude wird optimal in die Kulturlandschaft eingepasst, im wahrsten Sinne: ein „Green Building".

Weingut Freiherr von Gleichenstein

Traditionsreiches Erbe

Inhaber Johannes Freiherr von Gleichenstein
Bahnhofstr. 12
79235 Oberrotweil
Tel.: 07662 288
Email: weingut@gleichenstein.de
www.gleichenstein.de

Rebfläche:	35 Hektar
Jahresproduktion:	250.000 Flaschen
Lagen:	Oberrotweiler Eichberg und Henkenberg, Achkarrer Schlossberg, Oberbergener Bassgeige
Boden:	Vulkanverwitterung und Löss
Rebsorten:	30 % Rotwein (30 % Spätburgunder), 70 % Weißwein (30 % Grauburgunder, 30 % Weißburgunder, 7 % Müller-Thurgau, 2 % Chardonnay, 1 % Muskateller)
Durchschnittsertrag:	55 hl/ha
Beste Jahrgänge:	2007, 2008, 2009

Oberrotweil

Das traditionsreiche Weingut liegt mitten in dem idyllischen Kaiserstühler Ort Oberrotweil. Es ist – ähnlich wie die französischen Güter, den sogenannten Clos – von einer Mauer umfasst. Innerhalb dieser befinden sich neben Wohnhaus und Ökonomiegebäuden auch ein wunderbarer Park, ein Garten und einige Ar Rebstöcke. Dieses Areal wird „Hofgarten" genannt. Der jetzige Inhaber Johannes Freiherr von Gleichenstein hat diesen Begriff zum Markenzeichen einer Produktionslinie für frische, elegante, anmutige Kabinettweine ausgewählt.

Das Weingut blickt auf eine lange Geschichte zurück. Die Vorfahren, die ursprünglich aus Vorderöstereich stammten, haben 1634 Hof und Ländereien vom Benediktinerkloster Sankt Blasien erworben. Seither ist es im Familienbesitz. Im Jahre 2003 hat Johannes mit seiner Frau Christina die Verantwortung für das Weingut übernommen. Er führt es jetzt in elfter Generation.

Johannes Freiherr von Gleichenstein wurde 1973 geboren und begann seine oenologische Laufbahn nach dem Abitur mit einer Winzerlehre, die er in der Pfalz und in Endingen absolvierte. Nach Studien in Geisenheim und in Hohenheim ging er nach Weinsberg, wo er seine Ausbildung zum Weinbautechniker vervollständigte. Sein Wissen vervollständigte er auf einem Weingut im australischen Yara-Valley und im Nappa-Valley nahe San Francisco in den USA.

Mit dreißig Jahren übernahm Johannes das väterliche Weingut, ein solide geführtes, renommiertes Unternehmen. Sein Vater Freiherr Hans-Joachim von Gleichenstein hatte den landwirtschaftlichen Mischbetrieb seit 1959 geleitet und zu einem reinen Weingut umstrukturiert. Nach der Übergabe an seinen Sohn zog er sich aufs Altenteil nach Freiburg zurück.

Johannes, der sich als Jungwinzer gern als der „junge Wilde" bezeichnete, entwickelte Ehrgeiz. Er wollte die qualitative Ausrichtung des Weinguts entscheidend verändern und sich in die Spitzengruppe der badischen Winzer hoch arbeiten. Dies ist ihm auch gelungen. Zum einen hatte er das Glück, dass der überwiegende Teil der Rebflächen zum Besitz des Weinguts gehört und ein ideales Terroir für Burgundertrauben darstellt. Unter seiner Regie wurden das Rebsortenspektrum reduziert und die Hektarerträge erheblich zurückgenommen, um die Qualität der Weine zu steigern. Zum Zweiten arbeitet er gern im Team. Mit Franz Galli, der für die Rebbergarbeiten zuständig ist, und mit dem Kellermeister Odin Bauer, der grundlegende und umfassende Erfahrungen aus Frankreich (Bordeaux, Burgund) und Australien mit einbringt, hat er äußerst kompetente Fachleute an seiner Seite. Nicht zu vergessen seine Frau Christina, die im wesentlichen (steuer-) rechtliche und vertriebliche Aufgaben erledigt und für das Marketing verantwortlich zeichnet.

In der Tat konnte Freiherr Johannes von Gleichenstein das Weingut weiterentwickeln. Wie auch die bekannten Weinführer bestätigen, ist ihm ein qualitativer Sprung gelungen. Der Eichelmann sieht ihn „im Aufwärtstrend". Vom Gault Millau wurde er als Aufsteiger des Jahres 2010 mit vier Trauben bedacht. Weitere Auszeichnungen und Preise folgten.

Der Verkostungsrunde lag eine repräsentative Auswahl vor: Aus dem Bereich des Basissortiments wurde der 2010 Weißburgunder und Chardonnay trocken Hofgarten probiert. Der Wein zeigte sich saftig und fruchtig spritzig, intensiv duftend mit einem schlanken, mineralischen Körper.

Der 2008 Grauer Burgunder Baron Louis Spätlese trocken spiegelte sich leuchtend gelb im Glas, entwickelte feine Aromen von Vanille und Zitrusfrüchten, im Geschmack mineralisch geprägt mit Biss und Säure.

Der 2009 Spätburgunder Rotwein Eichberg trocken offenbarte sich weich und vollmundig, mit einem feinen Tanningerüst und einem Duft von Kirschen, Gewürzen und Vanille.

Der 2007 Spätburgunder trocken Baron Philipp Barrique erwies sich als hervorragender Schlusspunkt des Verkostungsabends. Mit Aromen nach Brombeere und Pflaume offenbarte er eine erfrischende Säure mit weichen

Tanninen und einer dichten Struktur, im Nachklang sehr dezent, aber lang anhaltend.

Johannes und Christina von Gleichenstein freuen sich, dass zwei Söhne ihr Leben bereichern.

Der stolze Vater ist überzeugt, dass eine zwölfte Generation ihn einmal beerben wird. Deswegen hat er zwei opulente Weine mit ihrem Namen versehen, Baron Philipp und Baron Louis. Nomen est Omen!

Weingut Salwey

Tradition mit Innovation verschmelzen

Inhaber Konrad Salwey
Hauptstr. 2
79235 Oberrotweil
Tel.: 07662384
Email: weingut@salwey.de
www.salwey.de

Rebfläche:	41 Hektar
Jahresproduktion:	300.000 Flaschen
Lagen:	Oberrotweiler Kirchberg, Eichberg und Henkenberg, Glottertäler Eichberg
Boden:	Vulkanverwitterung, Löss und Gneisverwitterung
Rebsorten:	40 % Rotwein (40 % Spätburgunder), 60 % Weißwein (40 % Grauburgunder, 16 % Weißburgunder, 4 % Sonstige: Muskateller, Gewürztraminer)
Durchschnittsertrag:	68 hl/ha
Beste Jahrgänge:	2004, 2005, 2007

Oberrotweil

Vom Stammhaus des Weinguts Salwey in Oberrotweil gelangt man in einen großen Bergkeller. Ein riesiger Tunnel wurde in das Bergmassiv gegraben. Hier ist zum einen die Schatzkammer des Weinguts eingelagert, fein säuberlich nach Jahrgängen geordnet und nummeriert. Zum anderen werden im Tunnelgewölbe die zahlreichen Holz- und Barriquefässer aufbewahrt, in denen die aktuellen Bestände des Weinguts ruhen und reifen. Ein umfangreiches, beeindruckendes Vermögen! Im Jahre 2006 wurde der Betrieb in ein ehemaliges Steinbruchgelände zwischen Nieder- und Oberrotweil ausgesiedelt, nahe bei der St. Pantaleon-Kapelle. Hier sind moderne Produktionsanlagen entstanden.

Wolf-Dietrich Salwey (1942 - 2011), der mit 23 Jahren sein erstes eigenes Weingut, den Rinzberghof im Glottertal, gründete, galt als „Winzerurgestein". Der Weinbau war seine Leidenschaft. 1985 übernahm er von seinem Vater Benno zusätzlich das elterliche Weingut in Oberrotweil. Im Laufe der Jahre vergrößerte er kontinuierlich Rebfläche und Verarbeitungsmengen und erarbeitete durch seinen klaren und geradlinigen Ausbaustil den mittlerweile im In- und Ausland anerkannten Ruf des Weinguts Salwey. Anfang des neuen Jahrtausends gab er schrittweise Kompetenzen ab und übertrug im Jahr 2005 die Leitung des Weinguts seinem Sohn Konrad, damit er als „Außenminister" für die Belange des Weinguts und als „Botschafter des Weins" für die Interessen des Weinbaus generell idealistisch und gemeinnützig in verschiedenen Gremien tätig werden konnte.

Der 1974 geborene Konrad Salwey hat sich nach Abitur und Wehrdienst erst relativ spät für eine Ausbildung zum Oenologen entschieden. Zunächst absolvierte er eine Winzerlehre mit Lehrherrn in Durbach und im fränkischen Iphofen. Dann folgte ein Jahr Auslandserfahrung im Burgund und im Elsass, ehe er in Geisenheim Weinbau und Oenologie studierte. 2002 kehrte er in den väterlichen Betrieb zurück und zeichnete erst einmal für die Weißweinproduktion verantwortlich. 2004 wagte er sich an den Rotweinausbau. Konrad versteht sich in erster Linie als „Weinbegleiter". Er ist als Chef des Hauses Salwey selbstredend für den An- und Ausbau der Weine zuständig und damit auch für die strategische Ausrichtung des Weinguts. Unter seiner Leitung wurde das Unternehmen erneut erweitert und die Produktion verfeinert. Natürlich hatte der Vater den traditionellen Salwey-Stil geprägt, den Konrad auch weiterführt. Dennoch ist der junge Mann offen für Innovationen. Er selbst gilt als experimentierfreudig. Mit alten Techniken tüftelt er gerne Unkonventionelles aus, z.B. baut er Weißweine im Warmgärungsverfahren aus. Der Ausbau der großen Weine im Holz- bzw. Barriquefass gehört zu seinen persönlichen Vorlieben. Bei seinen Arbeiten wird er von einem großen Team unterstützt, mit dem Fachmann für Weinbau Markus Schürr und dem Kellermeister Sandi Benzarti an der Spitze.

Das Weingut Salwey zählt zu den badischen Spitzenerzeugern und damit zu den besten Weinbaubetrieben in Deutschland. Es muss nicht betont werden, dass es Mitglied des VDP ist. Das Weingut Salwey unterscheidet drei Produktionslinien: die Gutsweine, die Reserve Salwey RS (Burgundersorten in Spätlesequalität aus den Spitzenlagen) und das Große Gewächs GG (abgegrenzte Spitzenlagen und selektives Traubengut).

Der Verkostungsrunde wurden vier Weine aus dem Hause Salwey vorgestellt. Im Vergleich zwei Grauburgunder, aus unterschiedlichen Lagen, jeder eine Klasse für sich.

Zunächst der 2009 Oberrotweiler Eichberg Grauburgunder trocken GG. Er erschien in der Nase kraftvoll, mit intensiver Frucht, viel Substanz und dezentem Holz, am Gaumen präsentierte er sich mineralisch geschmackvoll, abgerundet und weich.
Ihm folgte der 2005 Oberrotweiler Henkenberg Grauburgunder *** trokken, ein gehaltvoller, würziger Wein, ölig im Glas erscheinend, expressiv, wunderbar ausbalanciert, trotz der Fülle ein elegant wirkender Wein, ein exzellentes Trinkerlebnis!
Den Abschluss bildeten zwei Weine vom Rinzberghof im Glottertal: zunächst der 2009 Glottertäler Eichberg Spätburgunder Weißherbst Spätlese trocken RS (Reserve Salwey), ein feinfruchtiger, voluminöser Wein mit eigener Stilistik, er leuchtete lachsfarben im Glas, bestach durch eine wunderbare Harmonie und lag schmelzig weich am Gaumen. Ihm stand der 2008 Glottertäler Eichberg Spätburgunder trocken GG nicht nach. Ein saftig-dichtes Bukett von dunklen Waldbeeren versprach Volumen, ohne die feinen Nuancen zu übertönen. Die Tanninstruktur war auffallend gut in den Körper integriert. Ein charaktervoller Nachklang führte zu einem anhaltenden Trinkgenuss und großer Zustimmung bei den Verkostern!

Die unnachahmliche, komplexe Qualität der Salwey-Weine lässt sich sehr gut mit einem Ausspruch von Salvatore Dali charakterisieren: „Wer geniessen kann, trinkt keinen Wein, sondern kostet Geheimnisse.“

Junges Weingut in Familienbesitz

Inhaber Jörg Wiedemann
Eichert 2a
79361 Sasbach
Tel.: 07642/4185
Email: info@winzerhof-wiedemann.de;
weingut-wiedemann@freenet.de
www.winzerhof-wiedemann.de

Rebfläche:	3,5 Hektar
Jahresproduktion:	27.000 Flaschen
Lagen:	Eichert
Boden:	vulkanische Gesteinsunterlage, sehr skelettreich mit hohem Kalkanteil
Rebsorten:	60 % Rotwein (57 % Spätburgunder, 3 % Merlot), 40 % Weißwein (16 % Grauburgunder, 8 % Müller-Thurgau, 8 % Weißburgunder, 8 % Chardonnay)
Durchschnittsertrag:	70 hl/ha
Beste Jahrgänge:	2007, 2009

Der Eichert am Kaiserstuhl ist eine vollständig nach Süden und Westen ausgerichtete Weinbergslage. Der dunkle Boden ist vulkanischen Ursprungs und mit einer Lehmauflage bedeckt. Der Boden absorbiert die Tageswärme und strahlt sie nachts wieder ab. Außerdem speichert die Lehmschicht das Wasser. Somit herrschen ideale Bedingungen für die Grau- und Spätburgunderreben vor. Sie erhalten hier bei richtiger Pflege ihren kraftvollen, komplexen Charakter, welcher durch den Ausbau der Weine im Eichenholzfass dezent unterstützt werden kann.

Jörg Wiedemann, der Inhaber des Weinguts, schätzt sich glücklich, diese optimalen Bedingungen am Ortsrand von Sasbach vorzufinden; zumal sich das Rebareal komplett in Familienbesitz und in unmittelbarer Nähe des Weinguts befindet. Die Hanglagen sind somit sehr gut zu bearbeiten.
Jörgs Urgroßvater Georg Gustav hatte 1928 das Gut von dem Freiherrn von Girardi erworben, der einen Steinbruch sowie Wald- und Viehwirtschaft betrieb. Sein Großvater Ernst hat nach dem Zweiten Weltkrieg die Umstellung auf den Weinbau forciert und zunächst die Trauben an die Sasbacher Winzergenossenschaft abgeliefert. Jörgs Eltern haben zusätzlich in die Sparte Ferienwohnungen investiert.
Der 1969 geborene Jörg Wiedemann hatte 1997 begonnen, den Wein auszubauen und selber zu vermarkten. Hauptberuflich arbeitet er als Kellermeister beim Breisacher Winzerkeller. In den Jahren 1990 bis 1992 wurde er an der Staatlichen Fachschule in Weinsberg zum Weinbautechniker ausgebildet. Unterstützt wird er bei der Rebbewirtschaftung von seinem Vater Hans und im Weingut von seiner Frau Conny. Die gebürtige Leiselheimerin ist eigentlich gelernte Zahnarzthelferin, aber „in den Reben groß geworden“. Sie kümmert sich um Büro, Buchhaltung und in sehr charmanter Weise um den Weinverkauf.
Damit hält sie ihrem Mann den Rücken frei für die Kernaufgaben des Betriebs.

Der Ausbau im Keller ist selbstredend die Domäne von Jörg. Sein erklärtes Ziel, hochwertige, tiefgründige Weine zu erzeugen, erreicht er mit einfacher, aber effektiver Kellerwirtschaft und mit der Anwendung modernster Kenntnisse. Mittlerweile haben sich seine Weine am Markt etabliert und die Nachfrage von Kunden steigt zunehmend.
Auf den Klimawandel am Kaiserstuhl reagierend, hat er in großen Teilen des Weinbergs Tropfberegnungen installiert. Neuerdings hat er auch einige Ar mit der hitzebeständigeren Merlot-Rebe bepflanzt, die ursprünglich aus Südwestfrankreich stammt und inzwischen gute Qualitäten erbringt. Dieser Wein stand der Verkostungsrunde zur Disposition, ebenso wie die Spätburgunder Rotweine und der Grauburgunder und ein Chardonnay.
Der 2009 Grauburgunder trocken überraschte mit einem feinwürzigen, fruchtigen Bukett und einem Hauch von Mango. Besonders die weiblichen Teilnehmer der Runde waren von diesem Wein sehr angetan.
Der 2008 Chardonnay trocken zeigte sich intensiv beerig-fruchtig mit einem angenehmen Nachklang.
Von den Rotweinen gefiel besonders der 2009 Spätburgunder trocken. Er offenbarte eine dichte und komplexe Struktur mit einer leicht rauchigen Note, im Barrique gereift.
Der 2009 Merlot trocken bestach durch seine dunkelrote Farbe, seinem intensiven Aromen nach Brombeeren und seinem angenehm langen Abgang.

Ein wunderbarer Wein, der die Verkoster wirklich überzeugte.
Wenn es dem Weingut Wiedemann gelingt, weiterhin sein erreichtes Niveau zu steigern, werden sicher weitere Erfolge nicht ausbleiben.

Pyramidenorchis mit Schachbrett-Falter

Wildblumenwiese

Weingut Gregor und Thomas Schätzle

Landschaftspflege und Weinkultur

Inhaber Thomas Schätzle
Heinrich-Kling-Straße 38
79235 Vogtsburg-Schelingen
Tel. 07662/9461-0
Email: info@weingutschaetzle.de
www.weingutschaetzle.de

Rebfläche:	12,5 Hektar
Jahresproduktion:	80.000 Flaschen
Lagen:	Schelinger Kirchberg, Oberbergener Bassgeige, Amolterer Steinhalde
Boden:	Löss, Lehm und Vulkanverwitterung
Rebsorten:	39 % Rotwein (34 % Spätburgunder, 3 % Merlot, 2 % Cabernet Mitos), 61 % Weißwein (33 % Grauburgunder, 9 % Müller-Thurgau, 8 % Weißburgunder, 7 % Chardonnay, 4 % Sonstige: Gewürztraminer, Kerner)
Durchschnittsertrag:	65 hl/ha
Beste Jahrgänge:	2007, 2008, 2009

Schelingen

In einem Talkessel im Zentrum des Kaiserstuhls liegt der Weinort Schelingen. Die Gemeinde zählt ca. 300 Einwohner und ist umgeben von den Höhen des Kirchbergs und des Badbergs. Die Landschaft ist einmalig, es ist ein Geo- und Biotop zugleich mit einer sehr hohen Wertigkeit. Es ist die Heimat einer einzigartigen, facettenreichen Artenvielfalt von Fauna und Flora. Auf engem Raum finden sich hier Vulkangesteine, die von weißen Kalksteinadern durchzogen werden und an anderen Stellen von lockeren Lössböden bedeckt sind. Sie bilden die ideale Grundlage für alle Rebsorten der Burgunderfamilie. Diese werden vornehmlich auf Klein- und Kleinstterrassen kultiviert: mineralisch-komplexe Spät- und Grauburgunder in den Vulkanlagen bis hin zu Müller-Thurgau, Chardonnay und Weißburgunder auf Lössböden.

„Wir sind in erster Linie Naturassistenten und dann erst Weinproduzenten", betont Thomas Schätzle, der Inhaber und Leiter des Weinguts Schätzle. Sein Betrieb steht für Tradition und Bodenhaftung, aber auch für Offenheit für einen zeitgemäßen Weinbau. Er sieht es als vordringliche Aufgabe an, die Landschaft zu erhalten, den Boden zu pflegen und einen typischen Charakter der Schelinger Weine zu entwickeln.

1972 errichtete Thomas Vater Gregor Schätzle zusammen mit seiner Frau Lore in Schelingen einen Aussiedlerhof. Dieser Winzerbetrieb produzierte zum einen Trauben, die an die Winzergenossenschaft Oberbergen abgeführt wurden. Zum anderen betrieb Gregor Schätzle Rebveredelung, was damals wegen der Flurneuordnung durchaus lukrativ war. Darüber hinaus besaß Gregor Schätzle das Brennrecht für seinen Hof und destillierte edle Brände.

Nachdem der Sohn Thomas Schätzle seine Ausbildung zum Winzermeister abgeschlossen hatte, löste das Weingut Schätzle die Mitgliedschaft bei der Winzergenossenschaft auf und stellte 1982 auf Selbstvermarktung um. Es war eine richtige, wegweisende Entscheidung.

Inzwischen steht schon die nächste Generation in den Startlöchern. Die älteste der drei Töchter, Franziska Schätzle, Jahrgang 1984, hat bereits eine bemerkenswerte und umfassende Ausbildung hinter sich. Nach dem Abitur entschied sie sich, Oenologin zu werden, absolvierte Praktika auf Weingütern in Südbaden, in der Pfalz und in Bordeaux, studierte an der Fachhochschule in Geisenheim, legte das Praxissemester im burgundischen Beaune ab und beendete das Studium als diplomierte Oenologin. Doch damit nicht genug: Sie vertiefte ihr Wissen gezielt in Neuseeland und arbeitete als Betriebsleiterin im spanischen Weinland Rueda. Seit 2009 ist sie bei der Geschäftsstelle des Verbandes Deutscher Prädikatsweingüter (VDP) angestellt.
Franziska vermittelt im Gespräch einen äußerst souveränen und professionellen Eindruck. Mit rascher Auffassungsgabe beantwortet sie mit hoher Sachkompetenz alle gestellten Fragen. So verwundert es den Besucher nicht, dass sie von der DLG 2009 als beste Jungwinzerin Deutschlands ausgezeichnet wurde.
Natürlich möchte sie den vom Großvater vorgegebenen und vom Vater weitergeführten Weg fortsetzen. Zusammenhalt, Leidenschaft und Zielstrebigkeit waren und sind wichtige Tugenden der Schelinger Winzerfamilie Schätzle. Auch Franziska ist sehr daran gelegen, das heimatliche Erbe zu bewahren und weiterhin erfolgreich zu optimieren.
Das Ergebnis hat die Verkostungsrunde rundum begeistert. Es wurde eine famose, exzellente Weinpalette präsentiert.
Die Verkostung begann mit dem 2007 Spätburgunder trocken. Er erschien den Testern weich, rund, filigran und gut ins Holz eingebunden. Ihm folgte der 2008 Schelinger Spätburgunder trocken, ein eleganter Wein mit einer fein gewobenen im Barrique ausgebauten Tanninstruktur, sehr aromareich mit einem lang anhaltenden Nachklang.
Eine Grauburgunder Vertikalprobe des Jahrgangs 2009 bildete den Ab-

schluss: Zunächst der 2009 Grauburgunder Kabinett trocken, der fruchtig leicht mit würzigen Noten erschien und angenehm am Gaumen lag. Der zweite war ein 2009 Grauburgunder Spätlese trocken, „Weißer Schatz"; er wirkte schlank und reintönig mit intensiver reifer Frucht. Er wurde noch übertroffen vom 2009 Kirchberg Grauburgunder trocken RS (Reserve Schätzle). Dieser Wein schmeckte samtig und weich, wirkte schlank und. trotzdem vollmundig mit lebendiger frischer Frucht und einem guten Nachklang – ein ganz edler Trinkgenuss!

Das Weingut Schätzle aus Schelingen hat eine sehr empfehlenswerte Kollektion an Weinen offeriert. Man darf gespannt sein, wie sich in nächster Zukunft das Weingut unter der Regie der ausgezeichneten Jungwinzerin Franziska entwickeln wird.

Öko-Weingut Heinrich Gretzmeier

Durch Fleiß zum Erfolg

Inhaber Heinrich Gretzmeier
Wolfshöhle 3
79291 Merdingen
Tel.: 07668/94230
Email: weingut-gretzmeier@gmx.net
www.gretzmeier.de

Rebfläche:	10 Hektar (plus 6 Hektar Kern- und Steinobst)
Jahresproduktion:	60.000 Flaschen
Lagen:	Merdinger Bühl
Boden:	Löss und Lösslehm auf Jurakalkscholle
Rebsorten:	50 % Rotwein (41 % Spätburgunder, 4 % Regent, 5 % Cabernet Sauvignon), 50 % Weißwein (25 % Grauburgrunder, 15 % Weißburgunder, 6 % Chardonnay, 5 % Müller-Thurgau, 4 % Sonstige: Riesling, Muskateller, Muscat Ottonel, Gewürztraminer)
Durchschnittsertrag:	50 - 60 hl/ha
Beste Jahrgänge:	2008, 2009

Merdingen

Das Gespräch im Hause Gretzmeier beginnt bei einer Fahrt durch den Weinberg. Heinrich Gretzmeier veranschaulicht an Beispielen seine ökologische Bewirtschaftung, zeigt die Ergebnisse seiner biologisch-organischen Bearbeitung. Seine Begrünungszeilen weisen eine enorme Artenvielfalt von Leguminosen auf, während auf benachbarten Rebflächen v.a. Löwenzahnmonokulturen vorherrschen oder auch gar nicht begrünt ist. Eine Spatenprobe mit einer lockeren Humusschicht verdeutlicht die Bodenflora und -fauna. Gretzmeier nimmt es wörtlich-genau mit seiner Winzerphilosphie, dass die Qualität des Weines im Weinberg beginnt und durch die sorgfältige Pflege des Rebstocks maßgeblich entschieden wird. Damit leistet er einen wichtigen Beitrag zum Erhalt der Kulturlandschaft am Tuniberg.
Nach seiner Ausbildung hat Heinrich Gretzmeier gemeinsam mit seiner Frau Elvira 1986 das Weingut gegründet. Er ging seinen eigenen Weg und begann mit einem halben Hektar. Jahr für Jahr hat er seine Rebflächen vergrößert. Von Beginn an setzte er auf eine naturnahe ökologische Wirtschaftsweise. Er scheute nicht das Risiko, in den Anfangsjahren mitunter geringere Erträge, aber dafür sehr gute Qualtäten zu erzielen. Sein Vater war auch Winzer, lieferte seine Trauben an die Winzergenossenschaft Merdingen ab, deren Vorstandsmitglied er war. Als der Vater in den Ruhestand ging, hat Heinrich dessen Rebareale übernommen. Gretzmeier hält die gegenwärtige Größe seiner Rebflächen für mehr als ausreichend, um sie alleine bewirtschaften zu können.
Das Weingut Gretzmeier fußt auf mehreren Standbeinen: Neben der Weinproduktion steht die Sparte Versektung. Das zahlreiche Kern- und Steinobst wird in mehreren Brennöfen zu Edelbränden destilliert. Ehefrau

Elvira zeichnet für die Straußwirtschaft verantwortlich. Der älteste Sohn der Gretzmeiers, der 22-jährige Jakob, zeigt großes Interesse am Winzerberuf. Nach seiner Lehre wird er in Weinsberg zum Weinbautechniker ausgebildet. Schon jetzt ist er dem Vater eine große Hilfe, arbeitet sehr selbstständig, baut bereits eigene Weine aus und entwickelt eine Vorliebe für das Brennen von Schnäpsen.
Vor wenigen Jahren hat das Weingut Gretzmeier ein externes großes Ökonomiegebäude erworben und in Eigenarbeit hergerichtet. Heinrich Gretzmeier ist nicht nur ein versierter Winzer, sondern vermittelt auch den Eindruck eines „Selfmademan", eines Praktikers, dem keine Aufgabe zu schwer ist und der für jedes Problem eine Lösung findet.
Doch kehren wir zu dem Ausbau der Weine im Keller zurück. Heinrich Gretzmeier legt Wert auf eine besonders schonende Weinbereitung und gewährt seinen Produkten lange Reifezeiten. So kommem erst jetzt seine Rotweine der Jahrgänge 2002 ff. auf den Markt, die Weißweine natürlich früher, wobei hier auch unterschieden wird zwischen jungen Weinen im Edelstahltank und Weinen im Holzfass.

Die Verkostungsrunde begann mit dem 2009 Auxerrois trocken: ein fruchtiger, leichter Sommerwein mit einer milden Säure. Ihm folgte der 2008 Chardonnay Barrique Spätlese trocken. Dieser Wein zeigte eine intensive Frucht und lag angenehm weich auf der Zunge mit einem wunderbaren Nachklang, bei dem nur ganz subtil Holznote zu spüren war. Bei den Rotweinen probierten wir zunächst den 2007 Spätburgunder Kabinett trocken der sich durch eine feinbeerige Frucht mit Aromen, von Himbeere offenbarte. Der Abgang wirkte sehr abgerundet und wohltuend. Den Abschluss bildete der 2002 Spätburgunder Barrique trocken, Reserve H. Er überzeugte durch seine weiche Vollmundigkeit und eine stimmige Harmonie, begleitet von einer pfeffrigen Note am Gaumen.
Das Weingut Gretzmeier erzeugt wunderbare, langlebige Weine. Der Zuspruch der Kundschaft ihrer Straußwirtschaft beweist, dass es im Trend absolut richtig liegt!

Weingut
Gretzmeier

Weingut Kalkbödele Gebrüder Mathis

Nuancierter Ausbau im Keller

Inhaber Familie Bernhard Mathis
Betriebsleiter: Martin Schärli
Enggasse 21
79291 Merdingen
Tel.: 07668/902672
Email: weingut@kalkboedele.de
www.kalkboedele.de

Rebfläche:	15 Hektar
Jahresproduktion:	100.000 Flaschen
Lagen:	Merdinger Bühl
Boden:	Löss und Lösslehm auf Jurakalkscholle
Rebsorten:	64 % Rotwein (62 % Spätburgunder, 2 % Sonstige: Cabernet Sauvignon, Merlot, Lagrein), 36 % Weißwein (13 % Grauburgunder, 13 % Weißburgunder, 7 % Müller-Thurgau, 3 % Sonstige: Riesling, Versuchsanbau)
Durchschnittsertrag:	65-70 hl/ha
Beste Jahrgänge:	2007, 2008, 2009

Es beginnt wie im Märchen. Es waren einmal drei Brüder: Paul, Bernhard und Franz Mathis. Sie betrieben einen Kalksteinbruch am Tuniberg. Um den Kalk abbauen zu können, mussten sie vorsorglich Gelände reservieren und kaufen. Dieses Gelände wurde seit alters her ackerbaulich genutzt. Die Mathis-Brüder erkannten, dass sich die Böden hervorragend für den Weinbau eigneten. Sie entschieden sich deshalb 1978, ein Weingut zu gründen, um dieses Reservoir zu nutzen. Dem Weingut gaben sie den charakteristischen Namen „Kalkbödele".

Im Jahr 2000 wurde das Weingut vom Kalksteinbruch-Unternehmen abgekoppelt und in eigenständigem Namen weitergeführt. Es befindet sich heute im Besitz der Familie Bernhard Mathis. Bernhard Mathis, 1929 geboren, ist als Senior nach wie vor brennend an der Entwicklung des Weinguts interessiert. Seine Tochter Sonja Mathis-Stich fungiert als Geschäftsführerin. Seit nunmehr zehn Jahren ist Martin Schärli der Betriebsleiter.

Martin Schärli wurde 1962 im schweizerischen Biel geboren und in Wädenswil am Züricher See zum Oenologen ausgebildet. Er arbeitete zehn Jahre in Basel bei einer überregionalen Lebensmittelkette und betreute dort das Weinsortiment. 2001 bot sich für ihn die Gelegenheit, als Betriebsleiter zum Weingut Kalkbödele in Merdingen zu wechseln. Ihn überzeugte vor allem die Weinphilosophie der Gebrüder Mathis, terroirbetonte Burgunderweine mit unverwechselbarer Note zu produzieren. Um dies zu erreichen, experimentierten sie beim Ausbau mit verschiedenen Hölzern, neben den traditionellen Eichenholzfässern wurden auch Robinie, Esche und Kastanie verwendet. Schärli faszinierte auch der Ausbau im Keller. Ihm gelingt es heute mit seinem Team, gebietstypische Weiß- und Rotweine in unterschiedlichen Nuancen herzustellen. Zudem schätzt Martin die Möglichkeiten des integrierten Weinbaus als Schlüssel zum hervorragenden Weinerlebnis. Konsequenterweise bemüht er sich, dass das authentische Geschmackserlebnis in der Flasche erhalten bleibt.

Martin Schärli ist bekannt für seine „gute Nase". Die Sensorik gehört zu seinen Steckenpferden. Bei Degustationen verschafft er den Besuchern immer wieder ein „Aha-Erlebnis", wenn er vom Aromenkonzentrat auf die geschmacklichen Nuancen des Weins überleitet.
Es muss nicht betont werden, dass alle Weine des Weinguts Kalkbödele trocken und durchgegoren ausgebaut werden.
Zur Verkostung gelangten der 2009 Merdinger Bühl Grauburgunder Kabinett trocken, ein frischer Wein mit belebender Säure und einem Hauch von Grapefruit, aber angenehm weich im Nachklang. Der zweite getestete Wein war ein 2009 Pinot Gris trokken, im Holzfass gereift, der in der Nase Aromen von Aprikosen und Hefe offerierte, mit einer zarten Holznote, der sich am Gaumen kräftig und cremig zeigte, mit einer angenehmen Frische und langem Abgang.

Den Abschluss bildeten zwei Rotweine: Zum einen der 2008 Merdinger Bühl Spätburgunder trocken Edition Kastanien-Barrique, der sich mit Kirscharomen und einer leicht rauchigen Note präsentierte, wobei die Tannine sehr gut eingebunden erschienen ein Wein, der die Verkostungsrunde begeisterte. Ihm folgte der 2008 Merdinger Bühl Spätburgunder trocken Barrique-Ausbau; dieser Wein zeigte sich purpurfarben im Glas, fruchtig mit Röstnote, mit einer kräftigen Struktur und reifen Gerbstoffen, ein langer Nachhall zum Genießen.
Das Weingut Kalkbödele hatte bereits in der Vergangenheit einen Namen für gut ausgebaute nuancierte Weine. Unter seinem Kellermeister Martin Schärli wird es diesem Ruf mehr als gerecht!

Gemeinsam geht es besser

Inhaber Edgar Bärmann und Conrad Isele

Rittgasse 17
79291 Merdingen
Tel.: 07668/5718
Fax: 07668/7252
Email: st.remigius@web.de
www.weingut-st-remigius.de

Rebfläche:	8 Hektar (plus 1,5 Hektar Kern- und Steinobst)
Jahresproduktion:	10.000 Flaschen
Lagen:	Munzinger Kapellenberg, Tiengener Rebtal, Opfinger Sonnenberg, Rimsinger Rotgrund
Boden:	Löss und Lösslehm, Vulkanverwitterung
Rebsorten:	45 % Rotwein (41 % Spätburgunder, 4 % Merlot), 55 % Weißwein (25 % Grauburgunder, 15 % Weißburgunder, 6 % Chardonnay, 5 % Müller-Thurgau, 4 % Sonstige: Riesling, Sauvignon Blanc)
Durchschnittsertrag:	50-60 hl/ha
Beste Jahrgänge:	2007, 2009, 2010

Das Weingut wurde 1988 gegründet. Die Inhaber Edgar Bärmann und Conrad Isele suchten einen geeigneten Namen, der einen Bezug zum Heimatort hatte und der das Weingut authentisch repräsentieren sollte. Die Barockkirche in Merdingen ist dem Heiligen Remigius geweiht. Remigius (436 - 533 n. Chr.) war Bischof von Reims. Noch heute ist Reims die Metropole eines bekanntes Weinanbaugebietes in Frankreich. Daher entschieden sich die Familien Bärmann und Isele, ihrem Weingut 1988 den

Namen „St. Remigius" zu übertragen.
Die Merdinger Familie Bärmann ist seit Generationen mit dem Weinbau verbunden. Die Vorfahren waren Mitbegründer der Winzergenossenschaft Merdingen. Nach dem Tod des Vaters übernahm Edgar Bärmann die Rebflächen. Er hatte seine kaufmännische Ausbildung abgeschlossen und absolvierte im Anschluss Praktika im Freiburger Staatlichen Weinbauinstitut. Das Studium an der Fachhochschule in Geisenheim beendete er als Diplomingenieur für Weinbau und Kellerwirtschaft. Damit hatte er optimale Voraussetzungen geschaffen, um den elterlichen Betrieb zu übernehmen.
Edgars Schwester Petra ist mit Conrad Isele verheiratet. Isele stammt aus einer alteingesessenen Achkarrer Winzerfamilie. Er hatte sich nach seiner Winzerlehre beim Staatlichen Versuchsgut Blankenhornsberg in Ihringen mit einer kaufmännischen Ausbildung ein zweites berufliches Standbein geschaffen. Es folgte der Besuch der Weinbautechnikerschule ins Weinsberg, den er 1985 erfolgreich beendete.
Edgar und Conrad taten sich partnerschaftlich zusammen und gründeten das Weingut gemeinsam. Beide waren beruflich abgesichert und behielten

ihre Anstellung auch weiterhin. Aber sie waren jung, und es reizte sie sehr, qualitativ hochwertige Weine zu erzeugen. Leidenschaft, Ehrgeiz und das Vertrauen in die eigenen Fähigkeiten waren das Fundament, auf das sie bauten. Aus Freizeitvergnügen wurde Profession. Schritt für Schritt setzten sie ihre Philosophie um. Die Rebflächen wurden sukzessiv erweitert. 1999 wird der Achkarrer Betrieb von Conrads Eltern aufgegeben und seitdem vom Weingut St. Remigius mitbewirtschaftet. So gelangte das Weingut an Rebflächen in der renommierten Weinlage Achkarrer Schlossberg.

Der Schwerpunkt der angebauten Trauben liegt eindeutig bei den Burgundersorten.

Die Weine werden überwiegend trocken ausgebaut, nach traditionell schonendem Verfahren. Rotwein und Chardonnay werden auch im Barrique ausgebaut.

Das Stein- und Kernobst wird über die Hausbrennerei von Conrad Isele zu hochwertigen Edelbränden verarbeitet, ein weiteres Markenzeichen des Weinguts. Für Erholungssuchende wird eine Ferienwohnung angeboten. Weinproben und Weinbergsführungen können nach Absprache gebucht werden.

Der Verkostungsrunde standen folgende Weine zur Auswahl. Zunächst der 2009 Achkarrer Schlossberg Chardonnay Spätlese trocken; er offenbarte sich sehr angenehm weich im Geschmack und samtig im Abgang mit einer fruchtigen, dichten Struktur und dezenter Holznote. Dann wurde der 2010 Merdinger Bühl Grauer Burgunder Kabinett trocken probiert. Er schmeckte frisch und intensiv fruchtig mit Aromen von Aprikosen und Birnen. Dabei lag er weich am Gaumen, ein überzeugendes Trinkerlebnis!

Ihm folgte der 2008 Merdinger Bühl Spätburgunder Rotwein, ein wunderbar geschmeidiger und zarter Rotwein mit Aromen von Jostabeeren und einem weichen langen Nachklang.

Den Abschluss bildete der 2009 Niederrimsinger Rotgrund Merlot trocken, im Holzfass gereift; er spiegelte sich rubinrot im Glas, wirkte vollmundig und gehaltvoll mit einer pfeffrigen Note am Gaumen, zeigte sich dennoch weich im Abgang.

Merdingen

Weine vom Tuniberg perfektioniert

Inhaber Kilian und Martina Hunn
Rathausstraße 2
79288 Gottenheim
Tel.: 07665/6207
Fax: 07665/6223
Email: mail@weingut-hunn.de
www.weingut-hunn.de

Rebfläche:	16 Hektar
Jahresproduktion:	120.000 Flaschen
Lagen:	Gottenheimer Kirchberg, Merdinger Bühl
Boden:	Löss auf Kalkboden
Rebsorten:	30 % Rotwein (30 % Spätburgunder), 70 % Weißwein (20 % Müller-Thurgau, 18 % Grauburgunder, 18 % Weißburgunder, 11 % Chardonnay, 2 % Sauvignon Blanc, 1 % Riesling)
Durchschnittsertrag:	65 hl/ha
Beste Jahrgänge:	2007, 2008, 2009

„Winzerin zu werden war mein Traumberuf", sagt Martina Hunn. Sie hat ihn realisiert. Heute leitet sie zusammen mit ihrem Mann Kilian das Weingut Hunn, das sich im Ortskern direkt hinter dem Gottenheimer Rathaus befindet. Ihre Karriere verlief zielstrebig. Sie, die auf einem Wein- und Obstbaubetrieb in Opfingen groß geworden ist, erlernte den Weinan- und -ausbau beim Staatlichen Weinbauinstitut und beim Badischen Winzerkeller, wurde dann 1991/92 Badische Weinkönigin und arbeitete einige

Jahre beim Weinbauverband und bei der Winzergenossenschaft Auggen. In dieser Zeit lernte sie auch den 1969 geborenen Winzer Kilian Hunn kennen, der seinen Beruf bei den Weingütern Kalkbödele in Merdingen und Schätzle in Schelingen erlernte. Nach ihrer Heirat wurde ihnen 2000 das gleichnamige Weingut überschrieben, das bereits 1982 von Kilians Eltern Felix und Gudrun Hunn gegründet wurde. Vater Felix ließ seinen Sohn schon in frühen Jahren seine eigenen Weine an- und ausbauen, so dass er später sein Metier bei renommierten Weingütern perfektionieren konnte. Dem Weingut angegliedert ist eine Straußwirtschaft, die von Martina und Gudrun Hunn organisiert wird.

Bei den Hunns hat sich folgende Arbeitsteilung bewährt: Kilian fühlt sich für die Entwicklung im Weinberg und für den Ausbau im Keller zuständig, während Martina sich verantwortlich um Vertrieb und Vermarktung kümmert. Hier kommen ihre Stärken, Fähigkeiten und langjährigen Erfahrungen zum Tragen. Bruder Simon und die Eltern unterstützen sie mit allen Kräften. Martina Hunn engagiert sich darüber hinaus als badische Regionalsprecherin bei Vinissima e.V., dem bundesweiten Netzwerk für Frauen in der Weinbranche.

Der Weinverkauf des Weinguts Hunn erfolgt zu 40 % Prozent über den Fachhandel. Ein Großteil davon wird nach Sylt geliefert. Die Betreiber einer verzweigten Fisch-Bistro-Kette sind gebürtige Gottenheimer und beziehen ihren Wein vom heimatlichen Tuniberg. Im Gegenzug beliefern sie die „Hunnestrauße" mit frischen Matjes. Sylter Matjes in einer südbadischen Straußwirtschaft klingt zwar ungewöhnlich, kommt aber bei den Besuchern als Alternative zu den regionaltypischen Gerichten sehr gut an.

Die Rebberge im Gottenheimer Kirchberg liegen auf Lössboden auf einer Jurakalkscholle. Sie bilden ein ideales Terroir für leichte, filigrane Weine. Genau diese Stilrichtung verfolgt Kilian Hunn. Er legt großen Wert auf eine kompromisslose Qualität und verbindet traditionelle Methoden mit modernsten Erkenntnissen der Weinwirtschaft. Eine naturnahe und umweltschonende Weinbergspflege ist für ihn selbstverständlich. Im Gutskeller werden die Weine differenziert ausgebaut. Kilian Hunn gibt seinen Weinen angemessene Zeit zum Reifen und arbeitet sorgfältig die tunibergtypischen Charakterzüge der Weine heraus. Sie sind authentisch und tragen seine Handschrift.

Dies wurde von der Verkostungsrunde bestätigt. Als Erstes probierten wir den 2010 Gottenheimer Kirchberg Weißburgunder Kabinett trocken, ein saftiger, fruchtiger Wein mit Aromen von exotischen Früchten, begleitet von einer angenehmen Säure.

In der zweiten Runde verglichen wir zwei Chardonnay: den 2009 Gottenheimer Kirchberg Chardonnay trocken; er wirkte fruchtig und frisch, sehr angenehm am Gaumen und weich im Abgang. Und den 2009 Gottenheimer Chardonnay trocken Selection Hunn, er zeigte sich kräftig, mit einer konzentrierten intensiven Frucht, mit einer ganz dezenten Barrique-Note, ein ausdrucksvolles Geschmackserlebnis. Zu guter Letzt testeten wir den 2009 Gottenheimer Kichberg Pinot Noir; er offenbarte Düfte nach Waldbeeren, lag vollmundig am Gaumen, ein filigraner und eleganter Rotwein mit subtiler Holznote.

Unter den wenigen privaten Weingütern am Tuniberg hat das Weingut Hunn seine eigene Weinstilistik entwickelt und sich mehr als etabliert.

WEIN

Weingut Hercher

Wenn der Vater mit dem Sohne...

Inhaber Alfred Hercher
St. Elisabethen-Str. 1
79112 Freiburg-Waltershofen
Tel.: 07665/5404
Email: info@weingut-hercher.de
www.weingut-hercher.de

Rebfläche:	14,5 Hektar
Jahresproduktion:	85.000 Flaschen
Lagen:	Waltershofener Steinmauer
Boden:	fruchtbarer und tiefgründiger Löss und Lösslehm auf Jurakalkscholle
Rebsorten:	52 % Rotwein (51 % Spätburgunder, 0,5 % Cabernet Sauvignon, 0,5 % Merlot) 48 % Weißwein (10 % Weißburgunder, 3,5 % Grauburgunder, 4,5 % Muskateller, 24 % Müller-Thurgau, 3 % Chardonnay, 1 % Riesling, 1,5 % Gewürztraminer, 0,5 % Sauvignon Blanc)
Durchschnittsertrag:	65 hl/ha
Beste Jahrgänge:	2008, 2009, 2010

Freiburg-Waltershofen

Der Tuniberg wird oftmals als der Weingarten Freiburgs bezeichnet. Hierzu gehört auch der Ortsteil Waltershofen, in dem das Weingut Hercher beheimatet ist. Es wird von Alfred und Manuel Hercher bewirtschaftet. Dieser Familienbetrieb wurde 1953 von Franz Hercher gegründet. Er begann mit 4 Hektar Rebfläche. Die Erträge lieferte er an die ZBW in Breisach und blieb bis zu seinem Tod Vollablieferer bei der WG.

Ebenfalls 1953 kam der Sohn Alfred zur Welt. Er wurde wie sein Vater Winzer. Ihm widerstrebte es, dass die Erzeugnisse seines Vaters auswärts vermarktet wurden. Daher pachtete er drei Hektar Rebfläche dazu und begann, gemeinsam mit seiner Frau Gisela, die auch aus einer Winzerfamilie stammt, 1982 mit der Selbstvermarktung. Dieser Schritt in die Selbstständigkeit erforderte eine größere Umstellung auf dem Hof. Nach und nach wurde modernisiert. Es wurden weitere Rebflächen in der Lage Waltershofener Steinmauer erworben. Neue Anlagen wurden angeschafft, der Maschinenpark erweitert und 1989 ein neues, geräumiges Ökonomiegebäude errichtet, um den Ansprüchen an eine qualitative Weinproduktion gerecht werden zu können.

Alfreds Sohn Manuel wurde 1980 geboren. Auch er folgte den Fußstapfen von Großvater und Vater. Im Jahr 2003 schloss er seine Ausbildung zum Küfermeister und Weinbautechniker an der Staatlichen Fachschule in Weinsberg ab. Seitdem arbeitet er auf dem elterlichen Hof und beeinflusst maßgeblich die Entwicklung des Betriebes, indem er seine neu erworbenen Kenntnisse anwendet und gemeinsam mit dem Vater verwirklicht. Manuel ist sachlich orientiert und bescheiden im Auftreten. Aber er freut sich natürlich riesig, dass es seinem Weingut gelingt, seit 2003 ununterbrochen den Ehrenpreis des Badischen Weinbauverbandes für die beste angestellte Kollektion im Weinbaubereich Tuniberg zu erhalten.

Es bestätigt ihn in seiner Stilistik, fruchtig frische und aromatische Weine mit Eleganz zu produzieren. Dieses wird dem Weingut vom Kunden honoriert. Zu drei Viertel sind es private Endverbraucher, vorwiegend aus der näheren Umgebung und aus allen Teilen Deutschlands, der Rest geht an Gastronomie und Fachhandel.

Im Blickpunkt der Verkostungsrunde stand eine Vertikalprobe bei den Rotweinen: Alle drei angestellten Rotweine waren mit der Goldmedaille des BWBV ausgezeichnet; sie präsentierten sich alle drei im Geschmack und Nachgang weich, samtig und schmelzig. Der 2008 Spätburgunder Rotwein

Spätlese trocken zeigte Aromen von dunklen Waldbeeren, eine konzentrierte Struktur und eine wunderbare Eleganz im Abgang. Der 2009 Spätburgunder Rotwein Kabinett präsentierte sich gehaltvoll mit dezenten Düften nach Kirschen. Der 2009 Spätburgunder Rotwein offerierte sich den Verkostern als ein angenehmer Trinkwein und idealer Essensbegleiter.
Die Weißweine des Jahrgangs 2010 erwiesen sich als angenehm frisch und jung, das Säurespiel war jeweils gut in den Körper eingebunden. Während der Weißburgunder sich fruchtig zeigte, war beim Grauburgunder eine leicht würzige Note zu bemerken.
Manuel ist verheiratet und hat zwei kleine Söhne. Noch ist es viel zu früh, darüber zu spekulieren, ob sie in einigen Jahren die Dynastie des Weinguts Hercher fortsetzen werden; aber wer weiß das schon?

Freiburg-Waltershofen

Weingut Lang

Vorzüglicher Weinausbau in Familienhand

Inhaber Clemens Lang
Reinachstr. 19
79112 Freiburg-Munzingen
Tel.: 07664/5863
Email: info@weingutlang.de
www.weingutlang.de

Rebfläche:	7 Hektar
Jahresproduktion:	48.000 Flaschen
Lagen:	Kapellenberg
Boden:	fruchtbarer und tiefgründiger Löss und Lösslehm auf Jurakalkscholle
Rebsorten:	45 % Rotwein (45 % Spätburgunder), 55 % Weißwein (30 % Weißburgunder, 15 % Grauburgunder, 10 % Sonstige: Riesling, Johanniter, Müller-Thurgau)
Durchschnittsertrag:	50 hl/ha
Beste Jahrgänge:	2007, 2008, 2009

Freiburg-Munzingen

Das Weingut Clemens Lang ist ein Familienbetrieb par excellence. Alle Familienmitglieder stehen zusammen: Clemens ist für den Weinberg und für den Ausbau im Keller zuständig, Ehefrau Karola ist die „gute Seele" im Haus und Chefin auf dem Hof, auch die drei Söhne verstehen ihr Handwerk und packen mit an, wenn Not am Mann ist. Mit der Weinselbstvermarktung hat Lang 1985 begonnen.

Sein Vater Hubert war Landwirt und unterhielt einen landwirtschaftlichen Mischbetrieb mit Ackerbau und Viehzucht. Der Schwerpunkt lag auf Gemüseanbau, insbesondere Spargelanbau. Die produzierten Trauben wurden an die örtliche Winzergenossenschaft geliefert.

Clemens Lang wurde 1960 geboren, durchlief eine Winzerlehre und schloss daran seine Ausbildung zum Winzermeister an. In den achtziger Jahren strukturierte er den landwirtschaftlichen Betrieb des Vaters um. Der Gemüseanbau wurde nach und nach aufgegeben; als neuen Schwerpunkt forcierte die Familie den Weinausbau – ganz entsprechend den damaligen Markterfordernissen. Mit der ihm eigenen Dynamik wagte der junge Winzermeister das Risiko, löste bestehende Verträge mit der WG und startete sein eigenes Unternehmen.

Beim Anbau orientiert sich Lang an alternativen Möglichkeiten der Bewirtschaftung. Durch ein spezielles Begrünungssystem wird die Nährstoffversorgung der Reben gesichert und gleichzeitig eine hohe Artenvielfalt im Lebensraum Weinberg erreicht. Der Einsatz von Pflanzenschutzmittel wird auf das nötigste Maß minimiert. Eine unkontrollierte Ausbreitung von Schadinsekten wird durch die Förderung ihrer natürlichen Gegenspieler verhindert.

Gesamtbetrieblich legt das Weingut hohen Wert auf ein vernünftiges Gleichgewicht zwischen Ökologie und Ökonomie. Das jährlich anzustreben Ziel besteht darin, möglichst behutsam gesunde Weintrauben zu erzeugen, um somit hohe Eingangsqualitäten sicher zu stellen. Natürlich werden die Erträge der Trauben reguliert.

Im Keller werden traditionelle Ausbautechniken angewendet. Die Weine werden schonend und konsequent durchgegoren ausgebaut. Da Lang bei den Weißweinen auf das Anreichern verzichtet, gewinnt er lebendige, fruchtige und bekömmliche Weine. Die Rotweine werden maischevergoren und, je nach Gebinde, bis zu 24 Monate in Holzfässern gelagert.

Die Marktstruktur des Weinguts stellt sich ausgewogen dar. Etwa zu gleichen Teilen werden Gastronomie, Fachhandel und Privatkunden bedient. Besonderes Augenmerk legt die Familie Lang auf ihre treueste Klientel, die Stammkundschaft. Karola Lang hält in ihrer charmanten Art die persönlichen Bindungen zu den langjährigen Kunden aufrecht. Die großzügige Ferienwohnung auf dem Weingut wird ebenfalls von ihr betreut.
Vier Weine des Weinguts wurden verkostet. Zunächst der 2010 Munzinger Kapellenberg, Weißburgunder Kabinett trocken. Der Wein zeigte sich fruchtbetont, frisch und reintönig mit Aromen von grünem Apfel und Kiwi. Ihm folgte der 2009 Grauer Burgunder Spätlese trocken. Er offenbarte einen komplexen, fülligen Körper mit viel reifer Frucht, wobei das Alkoholvolumen sehr schön eingebunden war. Im Abgang wirkte er schmelzig-cremig..

Der 2008 Munzinger Kapellenberg, Spätburgunder Rotwein trocken präsentierte einen zarten Kirschenduft mit einer leicht würzigen Note und einer ausgewogenen Gerbstoffstruktur, ein filigraner, delikater Rotwein! Auch der 2007 Spätburgunder Rotwein, Auslese, Barrique, spiegelt das Können seines Kellermeisters wieder: Er schimmert dunkelrot im Glas, verfügt über ein saftig-dichtes Bukett mit einem fein verwobenen Taninkörper, zarter Toastung und mit einem samtigen und angenehm weichen Nachhall.
Das Weingut Lang in Munzingen hat vor zwei Jahren in ein neues Ökonomiegebäude investiert; der Keller befindet sich fünf Meter unter der Erdoberfläche, hat eine gleichmäßige Temperatur und schafft somit ideale Bedingungen für den Ausbau der Weine. Er bietet auch Platz und Raum für zukünftige Investionen.
Der Besucher gewinnt den Eindruck, dass das Weingut Lang als Familienunternehmen sehr gut aufgestellt ist und unbesorgt in die Zukunft blicken kann!

Freiburg-Munzingen

Wein ohne Restsüße

Inhaber Josef J. Simon
Vogteistr. 15
79112 Freiburg-Tiengen
Tel.: 07664/6116480
Email: mail@josef-simon-wein.de
www.josef-simon-wein.de

Rebfläche:	3,8 Hektar (brutto, davon 1,8 Hektar im Ertrag)
Jahresproduktion:	10.000 Flaschen
Lagen:	Munzinger Kapellenberg, Tiengener Rebtal, Opfinger Sonnenberg, Rimsinger Rotgrund
Boden:	fruchtbarer und tiefgründiger Löss und Lösslehm auf Jurakalkscholle
Rebsorten:	Rebsorten: 42 % Rotwein (42 % Spätburgunder), 58 % Weißwein (17,5 % Weißburgunder, 16 % Grauburgunder, 11 % Sauvignon Blanc, 7 %: Müller-Thurgau, 6,5 % Muskateller)
Durchschnittsertrag:	50 hl/ha
Beste Jahrgänge:	2009, 2010

Freiburg-Tiengen

Das noch sehr junge Weingut Simon liegt im Ortskern von Freiburg-Tiengen. Seit den fünfziger Jahren des letzten Jahrhunderts war es ein typischer landwirtschaftlicher Mischbetrieb. Josefs Vater Werner war Landwirtschaftsmeister und spezialisierte sich in den siebziger Jahren auf die Erzeugung von Trauben. Die Erträge seiner vier Hektar lieferte er an die Winzergenossenschaft Tiengen ab. Josef Simon begann 2009 mit der Selbstvermarktung von ca. 1,8 Hektar.

Josef wurde 1967 geboren. Er durchlief eine Winzerlehre. Danach absolvierte er den Zivildienst, holte das Abitur nach und nahm ein Studium auf. Etwa 20 Jahre arbeitete er als Marktforscher und Marketingfachmann in verschiedenen Städten Deutschlands, ehe er mit seiner jungen Familie nach Tiengen zurückkehrte, um quasi als Quereinsteiger auf dem elterlichen Hof ein Weingut zu gründen. Die Kontakte zur Weinbranche waren zwar unterbrochen, aber nie ganz abgerissen.

Josef Simon hält sich für jung genug, um neue Wege zu gehen und seine eigene Stilistik zu finden. Es ist nicht anmaßend, wenn ihm eine gewisse Experimentierfreude unterstellt wird.

Einen Großteil seiner Rebareale hat er neu angelegt. Daher braucht es noch etwas Zeit, bis sie Erträge bringen. Simon praktiziert einen naturnahen, nachhaltigen Anbau, ohne sich in ökologischer Hinsicht irgendwie einbinden zu lassen. Besonderen Wert legt er auf 100 %ig gesunde und aromatische Trauben, die genau zum richtigen Reifezeitpunkt gelesen werden. Seine Flächen sind nicht arrondiert, sondern auf verschiedene Parzellen im Tuniberg verstreut, was zwar die Arbeitsökonomie nicht erleichtert, aber eine gewisse Absicherung gegenüber möglichen Unwettern bietet.

Zur Zeit produziert Simon nur einen Wein pro Traubensorte, jeweils in der bestmöglichen Qualität. Seine Weine sind trocken, durchgegoren und frei von Restsüße. Duftende Fruchtigkeit und innere Harmonie erreicht er durch eine radikale Ertragsreduzierung und konsequente Traubenselektion. Josef Simon ist sich bewusst, dass die Methode sehr arbeitsintensiv ist. Aber er hat sich zum Ziel gesetzt, diese hohen Qualitätsmaßstäbe zu verwirklichen. Er ist sich auch bewusst, dass er mit seinen Produkten nicht den Massenmarkt erreicht, sondern lediglich eine kleine Minderheit, die seine ausgebauten Weine und seine Stilistik goutiert. Der einstige Marketingmitarbeiter setzt weniger auf klar umrissene Zielgruppen als vielmehr darauf, dass seine individuellen Weine „einigen Wenigen ganz großen Spaß bereiten“. Solche Überlegungen sind nicht frei von Risiken; aber er hofft natürlich, dass sie auf lange Sicht erfolgreich sind.

.

Den Verkostern präsentierte er in einer Vergleichsprobe zwei Rivaner:
Der 2010 Rivaner trocken offenbarte sich jung und spritzig, frisch duftend nach grünen Früchten. Der 2009 Rivaner trocken kam leicht daher mit einem floralen Ambiente, das an Wiesenblumen und Kräuter erinnerte.
Der 2010 Muskateller trocken wirkte duftend fruchtig und frisch, zeigte in der Nase deutliche Holunderblüten-Noten und Anklänge an Grapefruit. Seine äußerst interessante Geschmacksrichtung hat die Verkostungsrunde sichtlich beeindruckt.
Zum Schluss probierten wir den 2009 Spätburgunder Rotwein trocken, mit Aromen von Kirsche und Waldbeeren; sein voller Körper war gut ausgebaut, die Gerbstoffe waren schön eingebunden, im Abgang zeigte er eine leicht würzige Note.

Als Fazit des Besuchs beim Weingut Simon muss festgestellt werden, dass die vorgestellte Palette der Weißweine schon über ein beachtliches Niveau verfügt und dem Weingut noch ein großes Entwicklungspotential zu bescheinigen ist!

Glossar – Klärung wichtiger Begriffe aus dem Weinbau

Abbeeren, Entrappen	Entfernung der Stiele von den Trauben
Abstich	Trennung des fertigen Weins von der Hefe
Anreicherung	(frz. Chaptalisierung) Zugabe von Zucker vor Beendigung der Gärung, um den natürlichen Alkoholgehalt zu erhöhen
Aroma, Aromen	nachweisbare flüchtige Inhaltsstoffe des Weins, die sich im Geruch und Geschmack ausdrücken
Batonage	Aufrühren der Hefe im Fass
Barrique	traditionelles frz. Fassmaß von ca. 225 l; der Begriff wird heute verwandt für den Ausbau von Weinen in neuen Eichenholzfässern, die bei der Herstellung getoastet werden.
Begrünung	zwischen Rebzeilen gewachsene Gräser und andere Pflanzen; sie schützen vor Erosion, begünstigen das Bodenleben und fördern die Humusbildung.
Biologischer Säureabbau (BSA)	Umwandlung der Apfelsäure in Milchsäure und Kohlendioxid durch Milchsäurebakterien
Bukett	die vom Geruchssinn wahrgenommenen im Wein befindlichen Duft- und Aromastoffe
Grand Cru	frz.: Einzellagen, dt.: Lage großer Gewächse
Cuvèe	Verschnitt verschiedener Weine bzw. verschiedener Sorten ausgewählter Fässer
Dekantieren	Umfüllen des Weins von der Flasche in eine Karaffe; dadurch wird Wein mit Sauerstoff angereichert und das Depot wird zurückgehalten.
DEMETER	Verband für ökologischen Anbau nach anthroposophischen Grundsätzen
Depot	Bezeichnung für ausgefällte Gerb- und Farbstoffe und Weinstein, die sich während der Flaschenlagerung bilden können
Dosage	Dosierung von Weinen mit einer Restzuckerlösung, Hinzufügung von Süßreserven
Düngung	Einbringen von mineralischen Nährstoffen und Humus in den Weinbergsboden

ECOVIN — Bundesverband Ökologischer Weinbau e.V., gegründet 1985, größter Zusammenschluss ökologisch arbeitender Weingüter in Deutschland. ECOVIN ist der einzige, ausschließlich auf ökologischen Weinbau spezialisierte Anbauverband. Die 198 Mitgliedsbetriebe bewirtschaften derzeit 1.100 Hektar Rebfläche in 10 deutschen Anbaugebieten nach den strengen, ständig aktualisierten ECOVIN Richtlinien. Das ECOVIN Markenzeichen garantiert Verbrauchern gehobene Qualität und ökologische Konsequenz.

Edelfäule — Befall reifer Beeren durch den Pilz Botrytis cinerea

Ertrag — wird angegeben im Verhältnis von geernteter Menge in Hektolitern auf einem Hektar, wichtiger Faktor zur Bestimmung der Weinqualität: Je weniger Trauben eine Rebe trägt, desto konzentrierter wird ihr Saft.

Ertragsreduktion — mit verschiedenen Maßnahmen steigern Winzer die Qualität ihrer Weine (z.B. Verminderung des Fruchtansatzes, Ausdünnen nach dem Fruchtansatz, Verzicht auf Mineraldünger, Grünlese, Traubenschnitt, Erhöhen der Stockdichte, Klonauswahl)

Erziehungssystem — Methode, mit der die Weinbergsgestaltung und die Rebstockpflege erfolgt

Filtration — Klärung des Mostes mittels Filtern

Fruchtsäure — Summe verschiedener Säuren im Wein

Gärung — *Alkoholische Gärung:* Umsetzung von Zucker mit Alkohol durch Wein- bzw. Reinzucht hefen im Traubenmost

Kaltvergärung (Kaltmazeration): langsamere, längere Gärung bei niedrigen Temperaturen; die Frische aus dem Most bleibt erhalten und Aromen entfalten sich besser.

Maischevergärung: Art der Rotweinbereitung; die Maische wird angegoren, der dabei entstehende Alkohol löst die Farbstoffe aus den Beerenhäuten.

	Malolaktische Gärung: sogenannte Apfel-Milchsäure-Gärung, s. BSA
Gerbstoffe	Gruppe von Stoffen, insbesondere Tanninen, die einen herben, bitteren Geschmack im Wein hervorrufen
Gesamtextrakt	Summe aller nichtflüchtigen Inhaltsstoffe des Weins, hauptsächlich Zucker, Gerbstoffe, Glycerin, Mineralstoffe
Gutsabfüllung (Erzeugerabfüllung)	Abfüllbezeichnung, die besagt, dass der Wein aus dem eigenen Weinberg stammt, selbst gekeltert und abgefüllt sein muss.
Hefen	sind für die Gärung verantwortlich und wandeln den Zucker in Alkohol und Kohlensäure um. Es gibt natürliche und wilde Weinhefen auf den Beerenhäuten. Reinzuchthefen werden dem Most oder der Maische vor der Gärung hinzugefügt.
Hektar	100 x 100 m = 10.000 qm, entspricht 10 Ar
Keltern, Pressen	Abdrücken der Maische zur Gewinnung von Traubenmost
Körper	Inhaltstoffe des Weines, hauptsächlich Alkohol, Restzucker, Mineralstoffe
Lagen	*Einzellagen:* kleinste mögliche Herkunftsbezeichnung *Großlage:* Herkunftsbezeichnung, fasst mehrere Einzellagen zusammen
Laubschnitt/Grünlese	Weinbergsarbeit im Juli/August, Kürzung der grünen Triebe
Maische	gequetschte oder gemahlene Trauben
Most	abgepresster Saft der Weinbeeren
Mostgewicht	spezifisches Gewicht des Traubenmostes, das Gewicht des Mosts im Verhältnis zu seinem Volumen, ausgedrückt in Oechslegraden, Indikator für den zu erwartenden Alkoholgehalt
Mostkonzentration	Erhöhung des Alkoholgehalts durch Wasserentzug
Oenologie	Wissenschaft vom Wein und der Weinbereitung
Piwis	Pilzwiderstandsfähige Sorte

Prädikatswein — Weinkategorie für Qualitätsweine mit besonderen Anforderungen; einzelne Prädikate sind Kabinett, Spätlese, Auslese, Beerenauslese, Trockenbeerenauslese, Eiswein.

Qualitätswein — Güteklasse für Wein, der höheren Anforderungen genügt als Tafel- bzw. Landwein; in Deutschland wird zwischen Qualitätsweinen bestimmter Anbaugebiete (Q.b.A.) und Prädikatsweinen unterschieden.

Refraktometer — Optisches Instrument, zeigt den Zuckergehalt eines Mostes in Oechsle durch Lichtbrechung an.

Restzucker, Restsüße — nicht zu Alkohol vergorener Traubenzucker, Ergebnis eines spontanen oder absichtlich herbeigeführten Gärstopps.

Schwefeldioxid — wird benutzt zur Verhinderung von Oxidation (chemische Veränderung von Wein), zur Hemmung von Mikroorganismen und zur Abbindung von unerwünschten Gärnebenprodukten; die Anwendungsmenge ist gesetzlich geregelt.

Schwefelung — Zusatz von Schwefeliger Säure, um den Wein frisch und haltbar zu machen

Selection — trockene, gebietstypische Spitzenweine

Steillagen — Weinberge von mehr als 30 % Steigung

Süßreserve — unvergorener Traubenmost, wird direkt nach der Pressung kühl eingelagert und später zur Süßung den durchgegorenen Weinen beigefügt

Terroir — schmeckbare Herkunft des Weines mit den Komponenten Klima, Boden, Mensch

Trübstoffe — feste Bestandteile von Mosten oder ungefilterter Weine

Verband Deutscher Prädikats- und Qualitätsweingüter e.V. (VDP) — Vereinigung deutscher Weinerzeuger; ihre Mitglieder unterwerfen sich strengeren Vorgaben und Kontrollen als sie das deutsche Weingesetz vorsieht.

Vertikalprobe — Verkostung unterschiedlicher Jahrgänge, derselben Lage oder desselben Weines

Vinifikation — Weinherstellung

Weinbauzone	im EU-Recht festgelegte Zonen, in denen annähernd gleiche Richtlinien für den Weinan- und -ausbau gelten.
Weinsäure	alle im Most oder Wein vorhandenen Säuren
Weinstein	Kaliumsalz der Weinsäure, das während der oder nach der Gärung ausgeschieden wird.
Zuckerfreier Extrakt	alle nichtflüchtigen Inhaltsstoffe eines Weines außer Zucker

(Angaben des Glossars überwiegend zitiert nach: Seminar-Handbuch, Deutsche Weine, hg. vom Deutschen Weininstitut GmbH, Mainz)

Bildnachweis

Mit Ausnahme der unten angegebenen Bilder wurden alle Bilder vom Autor bzw. von den Weingütern zur Verfügung gestellt.
Weingut Salwey: photo-credit: Helmuth Scham
Weinkönigin und Weinprinzessinnen: Eidens-Höll Design
Breisach-Touristik/Stadt Breisach
Reinhold Treiber, Naturzentrum Kaiserstuhl
Weingut Dr. Heger: Roland Krieg
Wikipedia
www.fotolia.de

Literaturverzeichnis

Abel, Wolfgang, Kaiserstuhl, Oase Verlag Freiburg 2012

Baha, Norbert, Badische Weingüter, Band 1 Breisgau, Aschenbeck Verlag Bremen 2009

Baha, Norbert, Badische Weingüter, Band 2 Markgräfler Land, Aschenbeck Media 2010

Braatz, Dieter, **Sautter**, Ulrich, **Swoboda**, Ingo, Weinatlas Deutschland, Hallwag Verlag, München, 2007

Clarke, Oz, Clarkes kleine Weinschule, Droemer München, 2000

Damasko, Gabriele, **Link**, Gunter, **Lumpp**, Nathalie, WeinLust, Kostproben aus Baden-Württemberg, Hampp Verlag Stuttgart 2005

Deutsches Weininstitut (Hg.): Seminar-Handbuch, Deutsche Weine, Mainz 2006

Payne, Joël (Hg.), Gault Millau, WeinGuide Deutschland 2012, Christian Verlag München, 2011 (und frühere Jahrgänge)

Dippel, Horst, **Lange**, Cornelius, **Lange**, Fabian, Das Weinlexikon, Fischer Taschenbuchverlag Frankfurt, 2003

Eichelmann, Gerhard, Eichelmann 2012, Deutschlands Weine, Mondo Verlag, Heidelberg, 2011 (und frühere Jahrgänge)

Eichelmann, Gerhard, **Fassbender**, Wolfgang: Baden, Weingüter und Weine, Mondo Verlag Heidelberg 2008

Frenzel, Ralf, **Nuikki**, Pekka, 100 Meisterwerke des Weines, Tre Torri Verlag Wiesbaden 2008

Johnson, Hugh, Der kleine Johnson 2011, Hallwag Verlag München 2010

Kämmer, Frank, Auf Weinreise, Baden, Hampp Verlag Stuttgart, 2007

Klein, Rolf, **Faber**, Armin, Weinfrauen, AT-Verlag Baden und München 2008

Lantschbauer, Rudolf, **Redl**, Gerhard, **Schönberger**, Günther, Die Weinwelt der Barriques, Vinothek Verlag Graz 2001

Pigott, Stuart, Wein spricht Deutsch, Weine, Winzer, Weinlandschaften, Scherz Frankfurt 2007

Zeitschrift Vinum

Zeitschrift Weinwelt

Zeitschrift Selektion

Zeitschrift Ökotest

Badische Zeitung

Badisches Weinmagazin

Regio Magazin

Internet Wikipedia

Wein und mehr..

LAVORI VERLAG
10 JAHRE regionaler Autoren-Partner

Christa Rinklin

Kuchigeischter

Wenn Edelbrenner im Breisgau und Kaiserstuhl am Herd stehen

Seit Generationen verstehen es die Obstbrenner im Breisgau und Kaiserstuhl, die Aromenvielfalt ihrer einzigartigen Kulturlandschaft in der Flasche einzufangen. Doch wehe, wenn die Geister losgelassen...

Lassen Sie sich von Edelbrennern, Sterneköchen und anderen Liebhabern hochprozentiger Genüssen von den „Kuchigeischtern" inspirieren. Zwischen Obstbäumen, Brenngeschirren und Kochtöpfen ließen sie sich ihre besten Rezepte entlocken, die von der Autorin Christa Rinklin zu einer einzigartigen Sammlung zusammengetragen wurden.

Paperback: 124 Seiten
Format: 16,5 x 24 cm
ISBN: 978-3-935737-15-9

€ 12,80

www.shop.lavori-verlag.de oder bei Ihrem Buchhändler!

Guntramstr. 8 · 79106 Freiburg · Fon: 0761.8973416